Reinhard K. Sprenger

30 Minuten

Motivation

Bibliografische Information der Deutschen Nationalbibliothek

Die Deutsche Nationalbibliothek verzeichnet diese Publikation in
der Deutschen Nationalbibliografie; detaillierte bibliografische Daten
sind im Internet über http://dnb.d-nb.de abrufbar.

Umschlag und Layout: Martin Zech, Bremen
Lektorat: Sandra Klaucke, Frankfurt/Main
Satz: Zerosoft, Timisoara, Rumänien
Druck und Verarbeitung: Salzland Druck, Staßfurt

Hinweis:
Das Buch ist sorgfältig erarbeitet worden. Dennoch erfolgen alle
Angaben ohne Gewähr. Weder Autor noch Verlag können für
eventuelle Nachteile oder Schäden, die aus den im Buch gemach-
ten Hinweisen resultieren, eine Haftung übernehmen.

Printed in Germany

978-3-86936-257-1

In 30 Minuten wissen Sie mehr!

Dieses Buch ist so konzipiert, dass Sie in kurzer Zeit prägnante und fundierte Informationen aufnehmen können. Mithilfe eines Leitsystems werden Sie durch das Buch geführt. Es erlaubt Ihnen, innerhalb Ihres persönlichen Zeitkontingents (von 10 bis 30 Minuten) das Wesentliche zu erfassen.

Kurze Lesezeit
In 30 Minuten können Sie das ganze Buch lesen. Wenn Sie weniger Zeit haben, lesen Sie gezielt nur die Stellen, die für Sie wichtige Informationen beinhalten.

- Alle wichtigen Informationen sind blau gedruckt.

- Schlüsselfragen mit Seitenverweisen zu Beginn eines jeden Kapitels erlauben eine schnelle Orientierung: Sie blättern direkt auf die Seite, die Ihre Wissenslücke schließt.

- *Zahlreiche Zusammenfassungen innerhalb der Kapitel erlauben das schnelle Querlesen.*

- Ein Fast Reader am Ende des Buches fasst alle wichtigen Aspekte zusammen.

- Ein Register erleichtert das Nachschlagen.

Inhalt

Vorwort

Das Thema Motivation in 30 Minuten? Wo doch Führungskräfte jahrelang – meist vergeblich – laborieren, wie sie mehr Motivation in ihr Unternehmen tragen können?

Was mich an diesem Buch reizte, war eine möglichst „schlackenfreie" Darstellung. Zudem wollte ich einen Ordnungsrahmen finden, der den Stoff praxisbezogen gliedert und zu konsequenter Führung einlädt. Einen Rahmen, der die verschiedenen Schritte auf dem Weg zu mehr Motivation deutlich macht. Das ist das Besondere dieses Buches.

Sechs Handlungsfelder

Dieses Buch stellt sechs Variablen dar, deren Zusammenspiel entscheidend ist für die Motivation jedes Einzelnen. Thematisiert werden Leistungs-Bereitschaft (das Wollen), Leistungs-Fähigkeit (das Können) und Leistungs-Möglichkeit (das Dürfen). Diese sind zum großen Teil Sache des Einzelnen: Jeder entscheidet für sich, ob Arbeit Spaß macht – oder nicht. Rahmenbedingungen im Unternehmen können die Arbeitsmoral des einzelnen Mitarbeiters jedoch fördern. Oder behindern. Sie zu gestalten, ist Sache der Führungskräfte.

Das Buch ist mithin adressiert an Führungskräfte. Vor allem an jene, die *verantwortlich* führen – und nicht nur als Vorgesetzte vorsitzen. Im 3. Kapitel wende ich mich an den Einzelnen unabhängig von seiner Rolle und seinem hierarchischem Rang – an „Menschen" sozusagen. Die soll es unter Führungskräften ja mitunter auch geben.

Also: Keine (alten) Motivationstheorien. Keine (neuen) Rezepte. Ich beschreibe Handlungsfelder, die zum Spaß an der Arbeit beitragen. Wer meinen Perspektiven zustimmt, weiß, was er tun muss.

Das sind die Fragen, die anstehen:

- Was ist Motivation?
- Was fördert sie? Was zerstört sie?
- Was sind die Konsequenzen für den Einzelnen?
- Was sind die Konsequenzen für Führung?

... zu beantworten mit Blick auf das, wofür wir alle bezahlt werden: Leistung. Das ist nicht, wie in unseren Breiten üblich, mit Freudlosigkeit zu verwechseln. Im Gegenteil: Es geht mir gerade nicht nur um Leistungsfreude, sondern auch – und vor allem! – um Freude an der Leistung.

Reinhard K. Sprenger
www.sprenger.com

30MINUTEN

1. Was ist Motivation?

Man kann ebenso richtig wie langweilig definieren, was Motivation ist. Der Begriff ist uneindeutig, und die Versuche seiner Festlegung sind von kaum noch nachvollziehbarer Komplexität. Aus der Motivationsforschung erweist sich wenig als dauerhaft oder auch nur im Rückblick erträglich. Und selten ist etwas Praktisches dabei herausgekommen. Mehr lernen lässt sich durch Anschauung und freie Variation, die den harten Kern heraustreten lässt. Bringen wir es entschlossen auf eine kurze Formel, dann heißt Motivation: *„Ich will!"*

1.1 Allgemeine und spezifische Motivation

„Ich will!" – *Was?* Das mag nun jeder Leser selbst einfügen und dabei die Entdeckung machen, dass es offensichtlich zwei Arten von Motivation gibt:

- eine *allgemeine* Motivation, die von der Anthropologie erklärt wird und die „Kraft, etwas zu wollen" beschreibt, und
- eine *spezifische* Motivation, die genau auf dieses „etwas" zielt.

Allgemeine Motivation

Betrachten wir zunächst die allgemeine Motivation. Die Verhaltensforschung sagt uns seit Jahrzehnten, dass jeder Mensch ein großes Aktionspotenzial hat, das nach Entfaltung drängt. Eine kreative Energie, die abgebaut werden will, soll sie nicht in aggressive Langeweile umschlagen. Forscher fanden heraus, dass Babys lächeln, wenn sie es fertig bringen, einen an einem Faden hängenden Gegenstand in Bewegung zu setzen. Kinder, die man in der Schulzeit nur noch frei spielen ließ, wollten nach ein paar Tagen wieder Unterricht haben. Und als Erwachsene freuen wir uns besonders über einen Erfolg, den wir gegen Widerstände haben erringen müssen.

Der Wunsch, etwas zu schaffen

Alle Menschen wollen gestalten, sich erproben, leisten. Uns alle verbindet die Funktionslust: Wir planen etwas, machen etwas, erhalten ein wahrnehmbares Ergebnis. Und die Neugieraktivität: Wir erproben etwas, gestalten etwas, variieren etwas eigenständig. Die Anthropologie spricht sogar von einem Motivations-Überschuss des Menschen: Stellen Sie sich vor, wie schwer es vielen fällt, einmal zwei Stunden nichts zu tun.

Unterschiedlich ausgeprägt

Grundsätzlich gilt: Jeder Mensch ist motiviert. Diese Kraft, etwas zu wollen, variiert zwar von Mensch zu Mensch, ist unterschiedlich stark ausgeprägt: Nicht jeder will viel erreichen und stellt sich gerne dem Leistungsvergleich. Aber die Schaffenskraft ist vorhanden und sucht sich einen Gegenstand, ein Thema, ein Ziel, an dem sie sich entfalten kann. Ja, gerade ein eher antriebsschwacher Mensch kann bei bestimmten Aufgaben aufblühen und ganz hervorragende Leistungen erbringen.

Beweggründe

Das führt uns zur nächsten Frage: Warum will ich etwas? Weil ich offenbar ein Bedürfnis habe, das sich mit einer Erwartung zu einem Motiv verbindet, das wiederum mein Handeln auslöst. Die folgende Abbildung macht deutlich, dass die Handlung das gewünschte und als wichtig empfundene Resultat erwarten lassen muss – sonst bleibt der Mensch untätig.

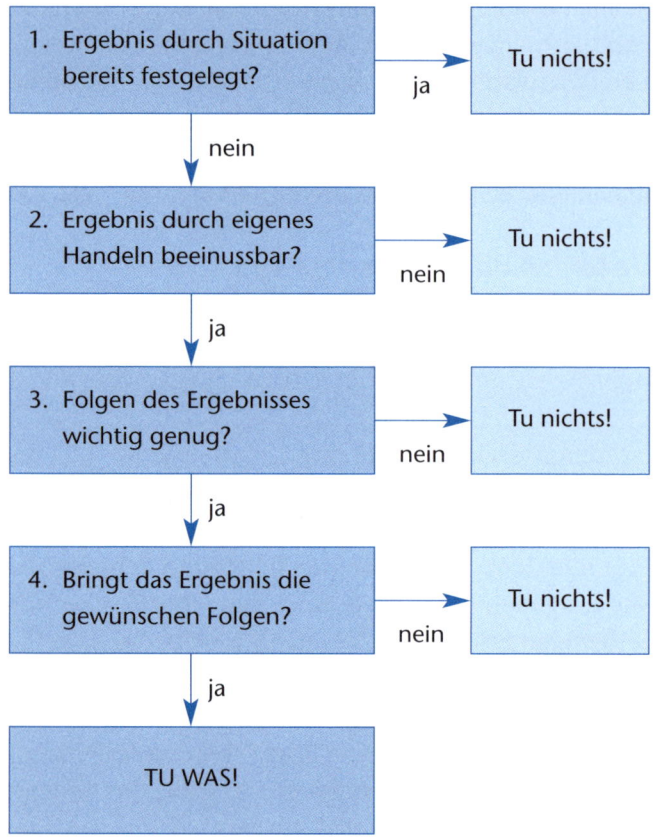

Handlungsdiagramm (nach Rheinberg)

Sigmund Freud sah den Hauptmotor menschlichen Handelns in seiner Psychodynamik. Alfred Adler im Macht- und Geltungstrieb. Andere Motivationslehren gehen davon aus, dass der Mensch in Polaritäten eingespannt ist. Beispiele dafür sind die „Innen-/Außenorientierung" bei Jung, Eysenck und Riesman, die Einteilung in „Sach- und Beziehungsorientierung" bei Blake/Mouton, die Unterscheidung „Typ X = arbeitsunlustig" und „Typ Y = arbeitsfreudig" bei McGregor oder die Unterscheidung „Motivatoren" und „Hygienefaktoren" bei Herzberg. Die bekannte Motivationslehre von Maslow unterstellt sogar eine hierarchische Ordnung und Folgerichtigkeit menschlicher Bedürfnisse.

Spezifische Motivation
Damit sind wir bei der spezifischen Motivation. Motivation enthält schon dem Wort nach das „Motiv", und das ist immer etwas Individuelles. Es mag von anderen geteilt werden, aber wie das Motiv eines Menschen genau aussieht, warum er etwas tut oder unterlässt, werden wir nie erfahren. Diese spezifische Motivation bezieht sich auf ein ganz bestimmtes Gebiet, eine konkrete Aufgabe, stellt sich dort der Mess- und Vergleichbarkeit. Sie zielt im Kontext der Unternehmen letztlich auf Leistung.

30 *Unter allgemeiner Motivation versteht man den Wunsch eines jeden Menschen, etwas zu gestalten, auszuprobieren, zu bewirken. Jeder Mensch ist also grundsätzlich motiviert, wenn auch in unterschiedlichem Maß. Die Beweggründe – warum tut man etwas? – sind so vielfältig wie die Menschen selbst. Die spezifische Motivation bewirkt, dass eine Person in einer bestimmten Situation auf eine bestimmte Weise handelt – mit individuellem Einsatz und nach persönlichen Zielen.*

1.2 Wodurch wird Motivation beeinflusst?

Motivation bestimmt also die Richtung, die Stärke und die Dauer unseres Leistungs-Verhaltens. Was aber beeinflusst die Motivation selbst? Zwei Variablen sind zu nennen:

1. Die *Person:* Synonyme für Motivation sind hier Antrieb, Drang, Wille, Wunsch, Streben; also Wörter, die auf die Innenseite des Menschen verweisen – der Mensch „ist" motiviert.

2. Die *Situation:* Hier finden sich Begriffe, die auf die umgebenden Rahmenbedingungen, die Außenseite verweisen: Anreiz, Anregung, Ermächtigung, Möglichkeit, Prämie, Ziele – der Mensch „wird" motiviert.

Das Leistungs-Verhalten ergibt sich aus dem Zusammenspiel der Innen- und Außenseite. Es wird beeinflusst einerseits durch Einstellungen, Interessen, Werte, Bedürfnisse, die innerhalb einer Person liegen, und andererseits durch Bedingungen, die sich aus der umgebenden Situation herleiten. Betrachten wir beide Seiten näher.

1. Person

Warum sitzt Ihr Sohn stundenlang vor dem Computer? Warum hat er hingegen keine Lust, Mathematik-Hausaufgaben zu lösen? Warum nehmen Sie jedes Wochenende Akten mit nach Hause, die Sie die ganze Zeit anstarren, dann aber doch wieder unbearbeitet mit ins Büro nehmen? Warum verrichtet Ihr Mitarbeiter lustlos seine Arbeit, ist aber offenbar abends hingebungsvoll Vorsitzender seines Heimatvereins?

„Motiv" leitet sich her von lat. *movere* = bewegen. Es meint immer dasjenige in und um uns, das uns bewegt, antreibt, dazu bringt, uns so und nicht anders zu verhalten. Einen Beweg-Grund. Motivation gibt also immer eine Antwort auf das „WARUM?" des Verhaltens. Diese Motivation kommt von innen, ist eigengesteuert. In der Literatur findet sich dafür oft der Begriff der „intrinsischen Motivation". Die Tätigkeit ist in sich selbst belohnend.

Erklärungsversuch

Motivationstheorien (vgl. Seite 13) suchen seit langem nach Regeln und Gesetzmäßigkeiten der handlungsleitenden Beweggründe von Menschen. Sie entbehren nicht einer gewissen alltagstauglichen Plausibilität, versprechen Ordnung und sind psychologisch reizvoll. Sie werden jedoch der Komplexität des Phänomens Motivation letztlich nicht gerecht. Insbesondere ist es eine Illusion zu glauben, man könne mit diesen Konstruktionen die Vielfalt der menschlichen Psyche nicht nur bändigen, sondern auch kontrollieren und steuern. Sie sind Landkarten, aber nicht die Landschaft.

2. Situation

Im Unternehmen, das per se als Zusammen-Arbeit definiert ist, sind wir Einflüssen ausgesetzt. Als Symbol für den Einfluss, den das Unternehmen, die Organisation in ihrer Gesamtheit auf die Motivation eines Menschen ausüben kann, wähle ich im Folgenden den Chef. Sie! Zusammengefasst sind darin das Verhalten des Chefs selbst (dem ja in der Regel die Aufgabe zugemessen wird, den Mitarbeiter zu einem bestimmten Leistungsverhalten anzuregen), aber auch Unternehmenspolitik, Abteilungsklima, Beziehungen im Team, materielle und immaterielle Anreize, Rahmenbedingungen der Arbeit. All das trägt dazu bei, ob wir uns am Sonntagabend auf Montagmorgen freuen. Oder eben nicht.

*Motivation wird durch zwei Faktoren beein-
flusst: zum einen durch die Einstellung der Person selbst – durch ihre Wünsche, Bedürfnisse
und Einstellungen –, zum anderen durch die
Situation, die Rahmenbedingungen, denen sich
der Einzelne gegenübersieht.*

30

1.3 Kann man andere motivieren?

Mithin scheint unsere Motivation von außen beeinflussbar. Genau davon gehen z.B. Manager aus, deren
Aufgabe es ist, Mitarbeiter zielbezogen zu führen. Sie
geben sich offenbar nicht mit der natürlichen und
selbst gesteuerten Motivation eines Individuums
zufrieden, sondern wollen es dazu bringen, das zu
tun, was vorrangig ihnen selbst nützt. Ihre Frage ist
also nicht „Warum handelt jemand?", sondern „WIE
schaffe ich es, dass jemand etwas tut, was ich für
richtig halte?". Zum Beispiel: „Wie bekomme ich die
ganze Arbeitskraft meines Mitarbeiters?" In der Tat
machen sich viele Führungskräfte das Erzeugen, Erhalten und Steigern der Verhaltensbereitschaft eines
Menschen zur Aufgabe. Sie wollen – spreche ich es
aus – manipulieren. Was nichts Unredliches ist, wenn
sie es als Manipulation zu erkennen geben und ihr
Interesse offen legen.

Motivierung = Versuch der Fremdsteuerung

In deutlicher Trennung von der Motivation verwende ich für diesen Versuch der Fremdsteuerung den Begriff der Motivierung: Die Arbeit ist nicht in sich selbst belohnend, sondern wird von außen und/oder danach belohnt. In der Literatur findet sich dafür häufig der Begriff der „extrinsischen Motivation".

Damit, dass man andere motivieren, also zum Handeln oder Nicht-Handeln veranlassen könnte, hätte man zweifellos so etwas wie den archimedischen Punkt der Führung gefunden. Man könnte andere für nahezu beliebige Ziele instrumentalisieren und sich selbst dabei angenehm entlasten. Leicht nachvollziehbar, dass gerade in schwierigen Situationen der Ruf nach dem „Motivationskünstler" laut wird.

Menschen lassen sich nicht steuern

Vergeblich: Menschen sind zwar beeinflussbar, aber sie sind nicht steuerbar. Denn jeder Anreiz steht ihnen zur Wahl, und es wird internal entschieden, ob ein entsprechendes Angebot von außen reizvoll ist. Insofern wird auch jeder von außen kommende Motivierungsversuch im Innern eines Menschen gleichsam „übersetzt" und auf Attraktivität geprüft. Kurzum: Im strengen Sinne gibt es keine extrinsische Motivation! Nur Motivierungsversuche, die manchmal und kurzfristig Wirkung zeigen. Aber niemals dauerhaft Motivation erzeugen. Denn Motivation ist immer Eigenleistung des Einzelnen, ist immer selbst-initiativ. Und Eigenleistung, so schreibt der Philosoph und Ruder-Olympiasieger Hans Lenk, ist weder zu delegieren noch in Auftrag zu geben.

Bedeutung des Selbstkonzepts

Die hier vertretene Position möchte nicht der Pauschalisierung und Typisierung des Menschen das Wort reden. Jeder Mensch ist ein einzigartiges Individuum, das jeweils dort seinen stärksten Antrieb hat, wo seine Persönlichkeitsmerkmale besonders individuell ausgeprägt sind. Dieses Selbstkonzept umfasst Prägungen, Wertvorstellungen, Sensibilitäten, besondere Fähigkeiten, Interessen, Zukunftsideen. Menschen verhalten sich so, dass ihr Selbstkonzept erhalten bleibt oder gestärkt wird. Wird Arbeit als persönlichkeitsfördernd erlebt, bewirkt das eine starke Motivation.

Weiterentwicklung statt Routine

Ein Selbstkonzept ist nicht unbedingt statisch, denn zum Selbstkonzept kann auch gehören: „Ich bin ein neugieriger und lernbereiter Mensch, der immer neue Herausforderungen sucht." Dann gehört zum Selbstkonzept die Vielfalt, die Abwechslung, die Variation. Routine wird die Motivation dieses Menschen auf Dauer töten.

30 *Der Versuch, andere Menschen zu motivieren – sie durch bestimmte Anreize zum gewünschten Verhalten zu bringen – erweist sich als Trugschluss. Man kann andere, z.B. Mitarbeiter, zwar beeinflussen, nicht aber dauerhaft steuern. Motiviert ist man meist dann, wenn das, was man tut, das eigene Selbstkonzept stärkt.*

1.4 Motivation im Unternehmen

Es ist deutlich zu unterscheiden zwischen der
- Motivation, der Eigensteuerung des Individuums, und der
- Motivierung, dem Versuch der Fremdsteuerung durch andere.

Wichtig ist: Für die Motivation eines Leistungsverhaltens ist das Zusammenspiel zwischen Individuum und Organisation entscheidend. Mit dem Etikett der „Motivation" ist daher im Unternehmen die umfassende Zielsetzung beschrieben, Arbeit so zu organisieren, *dass sie Spaß macht und produktiv ist.* Den Prozess der Leistungsentstehung freudvoll zu gestalten. Fragen Sie sich selbst: Wie ist ein Unternehmen zu formen, in das Sie morgens gerne gehen? Welches Arbeitsklima energetisiert Sie? Wie und unter welchen Umständen sind Sie begeistert bei der Sache? Es ist Verantwortung der Führung, diese Fragen nicht nur zu stellen, sondern auch zu beantworten. Dafür wird sie bezahlt.

Mit Blick auf das Leben in Unternehmen verenge ich den Motivationsbegriff auf die *Leistungs-Motivation*. Die bewusst jeweils großgeschriebene Wortkopplung liefert mir ein Gliederungsschema, das ich nachfolgend entfalten werde.

Motivation heißt: „Ich will!"

30

- **Die Frage nach dem Was und Warum führt zur spezifischen Motivation, die bei jedem Menschen individuell ausgeprägt ist.**
- **Motivation wird immer beeinflusst durch die Person und ihr Selbstkonzept sowie durch die Situation, die Rahmenbedingungen.**
- **Fremdsteuerung – das so genannte „Motivieren" – ist auf Dauer nicht möglich.**

30 MINUTEN

2. Was ist Leistung?

Im physikalischen Sinne ist Leistung eindeutig definiert: Arbeit durch Zeit. Im nichtphysikalischen Sinne ist Leistung dagegen vieldeutig: erwartungsabhängig, unscharf und bewertungsoffen. Schaut man genauer hin, wie Leistung entsteht, so wird ihre Mehrdimensionalität offenbar:

- Leistungs-Bereitschaft
- Leistungs-Fähigkeit und
- Leistungs-Möglichkeit

Diese Faktoren ergänzen und beeinflussen sich zu einem Beziehungsgeflecht, das zwar nicht zu trennen ist, wohl aber analytisch zu scheiden.

2.1 Wie entsteht Leistung?

Leistung = Bereitschaft x Fähigkeit x Möglichkeit

$$L = f [B \times F \times M]$$

Leistungs-Bereitschaft

Synonyme für Leistungs-Bereitschaft sind Wille, Kraft, Temperament, Dynamik, Entschiedenheit, Motivation oder auch, wem das besser gefällt, „Motiviertheit" im eigentlichen, engeren Wortsinne. Der Zustand aktivierter Verhaltensbereitschaft eines Menschen. Frühe – sprich vorberufliche – Prägungen spielen hier ebenso hinein wie eine Vielzahl handlungsleitender Einzelbedürfnisse und Umweltkomponenten. Dieses Wollen eines Menschen zielt auf materielle bzw. immaterielle Werte und Wünsche. Eben auf das, was ihm wichtig ist.

Leistungs-Fähigkeit

Allein das Wollen erbringt noch keine Leistung – auch wenn uns das etliche feuerlaufende und Eisen biegende Motivations-Gaukler weismachen wollen. Da muss die Leistungs-Fähigkeit hinzukommen: Fertigkeiten, Wissen, Kenntnisse, Erfahrung, das Können, die fachliche Eignung, Kompetenz. Sind Sie fähig, eine Aufgabe fachlich zu bewältigen? Fordert sie Sie heraus? Können Sie Ihre Talente entfalten? Führungskräfte sagen oft: „Der will nicht!" Dabei kann er nicht.

Dass die Leistungs-Fähigkeit mit der Leistungs-Bereitschaft eng verzahnt ist, kann man an der unterschiedlichen Bereitschaft des Menschen erkennen, seine Leistungs-Fähigkeit zu steigern – also zu lernen.

Leistungs-Möglichkeit

Aber auch das Wollen und das Können allein reichen nicht aus, Leistung zu erzeugen. Es muss noch die Leistungs-Möglichkeit vorhanden sein. Damit sind die Bedingungen gemeint, unter denen eine Leistung zu erbringen ist. Ein Mensch muss auch eine realistische Chance haben, sein Potenzial zu entfalten. Das Gelingen, der Erfolg, muss wahrscheinlich sein. Dabei spielt das soziale Dürfen, die Spielregeln in einem Unternehmen, eine große Rolle. Aber auch die Hierarchie, die Organisationsstruktur oder die harten Bedingungen des Marktes können beeinflussen, ob jemand seine Fähigkeiten entfalten kann.

Leistung ergibt sich immer aus dem Zusammenspiel dieser drei Dimensionen, d.h., sie sind *wechselwirksam.*

Wie die Variablen zusammenhängen

Wenn zum Beispiel die Leistungs-Möglichkeiten beschränkt sind, stirbt langsam auch das Wollen und später wahrscheinlich auch das Können. Wer andererseits etwas wirklich mit ganzem Herzen will, wird in der Regel auch die Fähigkeiten erwerben, sein Ziel zu erreichen. Und wer etwas gut kann, wird es in der Regel auch gerne tun. Hohe Bereitschaft kann geringe Fähigkeit hingegen nur begrenzt ausgleichen.

Tendiert eine der Variablen gegen null, geht die Leistung gegen null. Wichtig ist: Leistungsprobleme resultieren keineswegs nur aus niedriger Leistungs-Bereitschaft. Besonders bei Vorgesetzten aus der Abteilung „aufgestiegener Sachbearbeiter" entstehen Leistungsprobleme oft durch mangelnde Führungsfähigkeit, also durch ein Zuwenig an Können.

Voraussetzung für Leistung

Der Mensch muss also wollen, können und dürfen, wenn Leistung aus seinem Handeln resultieren soll. (Das „Dürfen" greift oft zu kurz, da Erlaubersignale nicht selten machtlos sind gegen die Macht des Faktischen – etwa gesättigte Märkte oder Chefs, die ihre Positionsautorität verteidigen.)

Leistung entsteht aus dem Zusammenspiel von Leistungs-Bereitschaft (Wollen), Leistungs-Fähigkeit (Können) und Leistungs-Möglichkeit (Dürfen). Ist eine dieser Komponenten zu

schwach ausgeprägt oder kann sie sich nicht optimal entfalten, kann demzufolge nicht die bestmögliche Leistung erbracht werden.

2.2 Wer ist für Leistung verant-wortlich?

Verteilen wir diese Dimensionen auf die Verantwortung des Mitarbeiters und auf die Verantwortung der Führungskraft, so sagt die Verhaltensforschung unmissverständlich:

- *Leistungs-Bereitschaft ist Sache des einzelnen Mitarbeiters.* Natürlich nimmt auch die Führungskraft Einfluss auf die Leistungs-Bereitschaft des Mitarbeiters (leider eher negativ, wie noch zu zeigen sein wird), aber ein direkter, steuernder Einfluss ist ihr versagt. Der Mensch ist zwar beeinflussbar, aber nicht steuerbar. Er ist keine triviale Maschine, die auf Knopfdruck erwartbares Verhalten quasimechanisch erzeugt.
- Die Erhaltung und Förderung der Leistungs-Fähigkeit (das „Lernen") ist in stabilen Kooperationsverhältnissen von Chef und Mitarbeiter gemeinsam zu verantworten. Der Chef kann hier anregen und fördern, aber der Mitarbeiter muss auch lernen wollen und können.

- Die Bereitstellung von Leistungs-Möglichkeiten ist – so, wie die Dinge nun mal hierarchisch liegen – oft noch vorrangig von der Führungskraft zu leisten.

Wie die Zuständigkeiten verteilt sind, lässt sich in nebenstehendem Bild gut erkennen.

Wenn Leistung ausbleibt

Wenn eine Leistungserwartung enttäuscht wird, wenn also das Ergebnis eines Mitarbeiters nicht den Wünschen des Chefs entspricht, werden die Ursachen häufig folgendermaßen attribuiert: Der Mitarbeiter erzählt eine Opfer-Geschichte, verweist auf mangelnde Leistungs-Möglichkeiten, ist in der Regel noch bereit, Defizite seiner Leistungs-Fähigkeit zuzugestehen, hält sich aber meistens für leistungsbereit.

Die Führungskraft sieht genau umgekehrt die Ursachen selten in Einschränkungen der Leistungs-Möglichkeit, stimmt allenfalls Defiziten bei der Leistungs-Fähigkeit zu, beklagt hingegen vor allem mangelnde Leistungs-Bereitschaft – weshalb sie gerne die Prämienmaschine anwirft, die es ihr scheinbar erlaubt, passiv bleiben zu können und sich dem schwierigen Prozess der Leistungssteuerung zu entziehen.

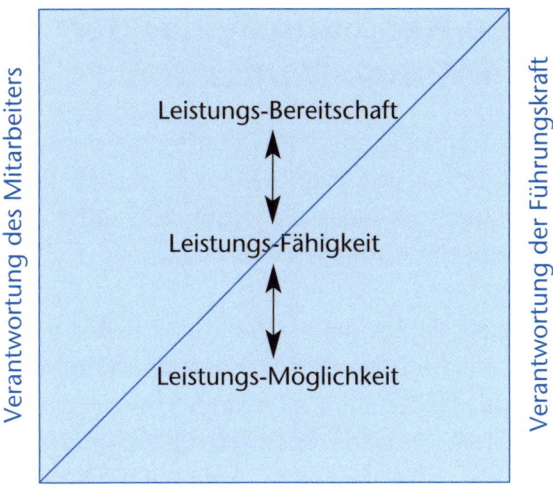

Dimensionen der Leistung

Wenn ein Mitarbeiter versagt, kann er dafür meist nicht allein verantwortlich gemacht werden. Nur die Leistungs-Bereitschaft, das Wollen, ist weitgehend von ihm allein zu verantworten. Leistungs-Fähigkeit und Leistungs-Möglichkeit dagegen werden zu wesentlichen Anteilen von der Führungskraft beeinflusst.

2.3 Die Handlungsfelder der Leistungs-Motivation

Aus den vorangegangenen Überlegungen zur Motivation/Motivierung (vgl. Seite 17) und zu den drei Dimensionen der Leistung ergibt sich eine 6-Felder-Matrix von Handlungsfeldern.

Diese sechs Felder geben die Struktur der nächsten Kapitel vor. Im folgenden 3. Kapitel werden die Einstellung des Einzelnen zu seiner Arbeit sowie seine Bereitschaft, Selbstverantwortung zu übernehmen, beleuchtet. Das 4. Kapitel geht ein auf die Rahmenbedingungen im Unternehmen. Im Fokus des Blicks steht dabei immer die Frage: Wie kann man Motivation fördern und so hohe Leistung ermöglichen?

Leistung lässt sich beschreiben als Beziehungsgeflecht von Leistungs-Bereitschaft, Leistungs-Fähigkeit sowie Leistungs-Möglichkeit.

- *Wer leistungsbereit ist, will etwas tun. Er ist motiviert.*
- *Ob er eine Leistung auch erbringen kann, wird von seiner Leistungs-Fähigkeit bestimmt.*
- *Die Leistungs-Möglichkeit beschreibt das Dürfen: Sind die Bedingungen so, dass er sein Potenzial entfalten kann?*

Motivation / Leistungs-	Person	Situation
Leistungs-Bereitschaft (Wollen)	Commitment leben **1**	Demotivation vermeiden **4**
Leistungs-Fähigkeit (Können)	Stärken nutzen und lernen **2**	Fördernd fordern **5**
Leistungs-Möglichkeit (Dürfen)	Spielfeld wählen **3**	Freiraum eröffnen **6**

Die Handlungsfelder der Leistungs-Motivation

30 MINUTEN

3. Persönliche Einstellung – Erfolgsfaktor für Motivation

Die Qualität des Bewusstseins, mit dem Menschen zu ihrem Unternehmen und zu ihrem Beruf stehen, entscheidet immer mehr über Erfolg und Misserfolg. Gemeint sind Ihre inneren Einstellungen, Anschauungen, Meinungen und Grundüberzeugungen, mit denen Sie Ihr Leben leben, als Führungskraft führen und Ihr Unternehmen mitgestalten. Diese lassen sich wieder beziehen auf Bereitschaft, Fähigkeit und Möglichkeit. Dies führt zu den ersten drei Handlungsfeldern, die im Folgenden beschrieben werden sollen.

Handlungsfeld 1: Commitment leben

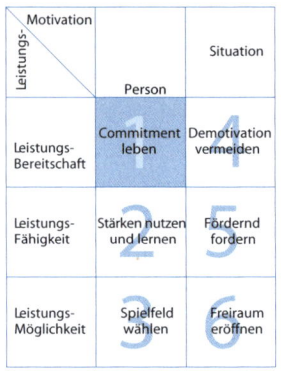

Innere Einstellungen lassen sich praktischerweise durch gegensätzliche Pole beschreiben und unterscheiden. „Freiheit und Notwendigkeit" ist ein solches Gegensatzpaar, das für das Thema Motivation von grundlegender Bedeutung ist.

- *Freiheit* ist ein Erfahrungsrahmen, in dem Sie Ihre Handlungen und Lebensumstände als wählbar erleben. Ihnen ist dann bewusst, dass Sie in jeder Situation Alternativen haben, neue Entscheidungen treffen und neue Wege wählen können.

- Im Gegensatz dazu ist *Notwendigkeit* eine Erfahrungsrahmen, in dem Sie Ihre Handlungen und Lebensumstände als vorgegeben und unveränderlich erleben. Sie fühlen sich dann Sachzwängen ausgesetzt und sehen keine Möglichkeit, diese zu verändern.

Fühlen Sie sich fremdbestimmt?

Um es gleich geradeheraus zu sagen: Wenn Sie sich

grundsätzlich als Opfer der Umstände erleben, wenn Sie Ihre Lebenssituation, so, wie sie jetzt ist, als notwendig, gottgegeben und unveränderbar betrachten, wenn Sie z.B. vergessen haben, dass Sie freiwillig arbeiten – dann werden Sie auch niemals wirklich Verantwortung für Ihre Leistungs-Bereitschaft übernehmen. Dann werden Sie auch niemals wirklich innerlich und dauerhaft motiviert sein. Sie werden leise jammern oder laut die anderen beschuldigen: Ihren Chef, den Vorstand, die Kollegen, den Markt, das Wetter, die Politiker, das Schicksal, die unglückliche Kindheit, Ihre Eltern – ja sogar die Verantwortung, die Sie für Ihre Familie übernommen haben.

Sie werden die Umstände, den Staat, Ihre Familie, den Arbeitgeber verdeckt oder offen ausbeuten, die Sie ja alle scheinbar zwingen, ein Leben zu leben, das Sie eigentlich nicht wollen. Oder das zumindest schöner, spannender, gerechter sein könnte. Sie werden die Sachzwänge beklagen und dabei unterschlagen, dass Sie Entscheidungen getroffen haben. Die Sie anders hätten treffen können. Aus guten Gründen aber so und nicht anders getroffen haben. Sie haben sich gegen alternative Möglichkeiten entschieden. Weil Ihnen das eine wichtiger war als das andere. Oder weil Ihnen die Konsequenzen der Alternative nicht gefielen. Und für Ihre Entscheidung ist jetzt der Preis fällig, der immer und in jeder Situation zu zahlen ist. Kurz: Weil Sie vergessen haben, dass Sie die Umstände selbst schufen, als deren Opfer Sie sich vielleicht jetzt erleben.

Sie haben gewählt!

Wenden wir es positiv, konzentriert auf den Arbeitsbereich: Sie haben Ihre Arbeit, so wie sie jetzt ist, frei gewählt. Diesen Job, diesen Mitarbeiter, diesen Kollegen, dieses Gehalt, diesen Kunden, den morgendlichen Stau auf der Fahrt ins Büro, die Möglichkeit, von Ihrem Geschäftsführer gefeuert, versetzt, befördert zu werden – all das und alle anderen Umstände und Begleitumstände Ihres Jobs: Sie haben sich für sie entschieden. Dafür sind Sie verantwortlich. Und nur Sie. Egal, welche Motive Sie hatten, einerlei, was Sie bewog: Sie haben es sich ausgesucht. Sie haben alles, was jetzt ist, durch Ihre Entscheidung mitgewählt – und Sie können all dies auch wieder abwählen. Dafür wäre dann wieder ein Preis zu zahlen. Wie hoch der ist, entscheidet jeder anders.

Wir tun uns oft schwer mit den Konsequenzen unserer Entscheidungen. Sie sind nicht immer vorhersehbar und vor allem nicht immer angenehm. Und wenn dann etwas Unerwartetes und negativ Erlebtes eintritt, lehnen wir das Urheberrecht ab: „Das habe ich nicht gewählt, das ist mir passiert!"

Unangenehmes verändern

Aber auch dann können Sie handeln, wieder aktiv werden: Verändern Sie es! Machen Sie nicht die Faust in der Tasche. Resignieren Sie nicht. Finden Sie sich nicht ab. Versuchen Sie beharrlich, die Situation zu verbessern.

Ungeliebtes hinter sich lassen

Vielleicht werden Sie bald an Grenzen stoßen. Manches ist veränderbar, aber einige Dinge beugen sich auch nicht Ihrem Willen. Oder der Preis, sie zu ändern, erscheint Ihnen zu hoch. Wenn Ihnen trotz aller Bemühungen immer noch etwas wirklich Wichtiges fehlt, wenn Sie spüren, dass Sie nicht glücklich werden können da, wo Sie jetzt sind – dann gehen Sie besser dahin, wo Sie das finden, was Ihnen fehlt. Wählen Sie das ab, was nicht Ihrem Lebensthema entspricht. *Verlassen Sie es!*

Wenn Sie das aber nicht wollen, weil das, was Ihnen fehlt, nicht so wichtig ist, können Sie natürlich weiter „Jein" sagen. Sie können weiter eine Hängepartie spielen. Sie können weiter auf die Löcher im Käse schauen. Ihre Wahlmöglichkeiten als begrenzt ansehen. Sich selbst und anderen erzählen, dass Sie „müssen" und gar nicht anders können. Und dass das Leben ein Jammertal ist.

Commitment leben

Sie können aber auch mit ganzem Herzen „Ja" sagen zu dem, was jetzt ist. Sie können sich entschließen zu dem, was Sie tun. Es bewusst wieder wählen, so wie es ist. Sie können Kraft und Energie sammeln für das, wozu Sie sich entschieden haben. Mit klarem Blick auch auf das, was am Ideal fehlt. Weil Sie wissen: Etwas wird immer fehlen. Aber Ihnen ist klar: Alle meine Lebens- und Arbeitssituationen sind das Ergebnis bewussten oder unbewussten Handelns bzw. Nicht-Handelns. Sie können jederzeit etwas verändern, weggehen oder voll einsteigen. Wenn es Ihnen nur wichtig genug ist. Auch diese Wahl treffen Sie selbst: Arbeit macht Spaß oder krank.

Wenn Sie eine unangenehme Lebenssituation nicht ändern können oder wollen, ist es praktisch, Ihre Einstellung zu ihr zu ändern.

Auf Englisch lässt sich diese Dreischrittigkeit kurz und prägnant bündeln: Love it, leave it or change it.

Egal, wie zufrieden oder unzufrieden Sie mit Ihrer gegenwärtigen Situation sind – machen Sie sich bewusst, dass sie ein Resultat Ihrer Handlungen und Entscheidungen ist. Sie sind kein Opfer, sind nicht fremdbestimmt! Sie können Ihre Situation verändern. Sie können sie

auch verlassen, sich ein anderes Betätigungsfeld suchen. Oder Sie können die Situation mit ganzem Herzen annehmen, sie jeden Tag aufs Neue wählen. Dann macht Arbeit Spaß.

Freude an der Selbstverantwortung

Allgemein beschreibt Commitment das motivierte Engagement in der Arbeit, erlebt als Freude und Entfaltung, nicht als „Opfer" oder „Dienst". Die Lust an der individuellen Gestaltung der Wirklichkeit. Commitment meint die Bereitschaft, Handlungsspielräume im Licht von Gefahren und Chancen eigenaktiv auszufüllen. Bin ich bereit, unter Umständen erhebliche Belastungen auf mich zu nehmen? Lebe ich Mut und Zivilcourage? Verzichte ich darauf, ständig von anderen angeschoben zu werden? Übernehme ich Verantwortung für meine eigene Motivation? Die Einstellung des Selbst, die Verantwortung nicht als Last, sondern als Lust erlebt – das ist Commitment.

Commitment im Berufsalltag

Die dahinter stehende Einstellung bezogen auf unser Arbeitsleben: „Ich habe gewählt, mein Spiel nicht allein zu spielen, sondern auf einem Spielfeld, auf dem auch noch andere spielen: meine Mitarbeiter, Kollegen, mein Chef. Und diese Wahl hat Konsequenzen. Mir macht aber das Spiel nur so lange Spaß, wie es meinem Mitspieler auch Spaß macht. Verliert er die Lust am Spiel, wird die Qualität unseres gemeinsamen Spiels sinken. Deshalb ist es praktisch und im eigenen Interesse, den anderen mitgewinnen zu lassen. Das bedeutet, einen Teil meiner Interessen zugunsten des gemeinsamen Spiels zu opfern – und dann aber nicht darüber zu jammern, dass etwas fehlt, sondern den Verzicht als Teil des Spiels voll anzuerkennen. Nicht weil es moralisch, sondern weil es klug ist. Und dieser Situation ein 100-prozentiges ‚Ja!' zu geben."

Diese innere Einstellung des „Ich will!" ist die volle selbstgesteuerte Leistungs-Bereitschaft. Sie ist nicht übertragbar. Sie verbindet drei Ziele, die nicht selbstverständlich zusammengehen: hohe Motivation mit hoher Arbeitszufriedenheit und hoher Leistung. Wenn hingegen die Einstellung heißt: „Ich muss!", dann geht in der Regel die Unzufriedenheit auch mit geringer Leistung einher. „Ich muss" erzeugt Halbherzigkeit, Mittelmaß und latente Fluchtphantasien. Wenn der Druck nachlässt, bricht die Leistungs-Bereitschaft zusammen. Das ist die freizeitorientierte Schonhaltung: Leben nach 17.00 Uhr.

Commitment sagt: „Ich tue es!", obwohl einige Wünsche unerfüllt blieben. Commitment schaut nicht auf das, was fehlt, sondern auf das, was möglich ist. Commitment kartet nicht nach, son-

dern steht zu seinem Wort. Ohne das Bewusstsein der Wahlfreiheit, ohne Commitment gibt es keine dauerhafte Motivation.

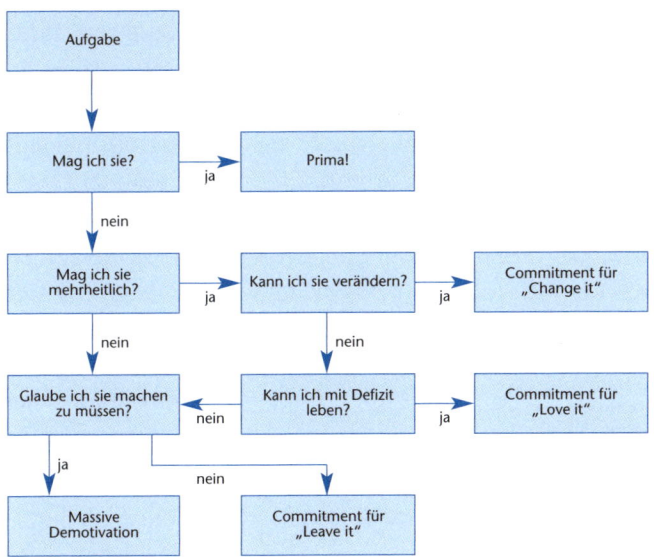

Entscheidungsbaum

Handlungsfeld 2: Stärken nutzen und lernen

„Die Seele nährt sich von dem, woran sie sich freut." Diese ebenso schlichte wie wichtige sozialpsycholo-

Leistungs- / Motivation	Person	Situation
Leistungs-Bereitschaft	Commitment leben (1)	Demotivation vermeiden (4)
Leistungs-Fähigkeit	Stärken nutzen und lernen (2)	Fördernd fordern (5)
Leistungs-Möglichkeit	Spielfeld wählen (3)	Freiraum eröffnen (6)

gische Feststellung stammt von Augustinus. Freude kann durch eigenes Tun entstehen, durch kleine Schöpfungen, im gemeinsamen Handeln, im Gespräch mit anderen. Aber es kann natürlich auch das Gegenteil passieren: dass die Freude stirbt. Augustinus' Satz beschreibt eine weitere zentrale Gestaltungsaufgabe für motiviertes Handeln: *Aufgaben und Neigungen soweit wie irgend möglich aufeinander abzustimmen.* Eine kluge, sensible Wahl berücksichtigt dabei, worauf die Leidenschaft ohnehin zielt. Denn diese Motivation ist unverzichtbar, wenn ein langer, beschwerlicher Weg zu gehen ist, wenn auch Widersprüche ausgehalten und Mühen in Kauf genommen werden müssen.

Was Sie gerne tun ...

Vor den Erfolg haben die Götter den Spaß gesetzt. Zunächst sollten Sie also einmal für sich selbst herausfinden, wo Sie in Ihrem Element sind, wo Sie mit innerem Hochgefühl arbeiten und was für Sie Spaß an der Sache bedeutet: Was tue ich besonders gerne? Bei welcher Tätigkeit springt mein innerer Motor an? Hilfreich für die Klärung: Womit verbringe ich freiwillig die meiste Zeit? Zeit ist der wichtigste Indikator für unser Wollen, für unsere Vorlieben, für das, was uns wirklich am Herzen liegt.

... ist, was Sie gut tun

Was man gerne tut, ist auch meistens das, was man besonders gut kann. Wenn es also eine Formel für Erfolg gibt, dann diese: Tue das, was du absolut erstklassig kannst, wo dein Talent wie eine Sonne leuchtet. Lasse alles, wo du nur zweitklassig bist. Was viele andere gleich gut oder besser können. Von Me-too-Produkten haben wir überall genug.

Dazu ist es für den Einzelnen hilfreich, sich zu fragen: Wo liegen meine Talente? Welche Fähigkeiten sind bei mir besonders ausgeprägt? Mit welchen Pfunden kann ich wuchern?

Motiviert sind wir dann, wenn wir unsere Stärken kennen und nutzen. Für den Einzelnen heißt das, nicht nur Aufgabe und Neigung, sondern auch *Aufgabe und Fähigkeit soweit wie irgend möglich aufeinander abzustimmen.* Das ist der Fall, wenn folgende individuelle Bedingungen zusammenkommen:

- *Erfolgszuversicht,* d.h., die Aufgabe muss als herausfordernd, nicht als überfordernd oder gar bedrohend erlebt werden.
- *Selbstwirksamkeits-Überzeugung,* d.h., Erfolg und Misserfolg werden nicht mit Zufall oder Umstän-

den, sondern mit der eigenen Einflussnahme erklärt.

- *Realistische Selbsteinschätzung,* d.h., die klare Erkenntnis dessen, was man leisten kann – vor allem aber, was man nicht leisten kann.

- *Erlebbare Konsequenzen,* d.h., die Folgen des eigenen Handelns müssen für den Handelnden selbst erlebbar sein.

- Zu guter Letzt und immer wieder übersehen: *Entspannung und Schlaf.* Die Fähigkeit, sich aus den eigenen Ressourcen heraus regenerieren zu können. Ohne Pharmaka und Alkohol zur Ruhe zu kommen. Mag es in den Ohren notorischer Workaholics noch so absurd klingen: Mit ein wenig mehr als den üblichen 7,5 Stunden Schlaf wären viele Menschen erheblich leistungsfähiger.

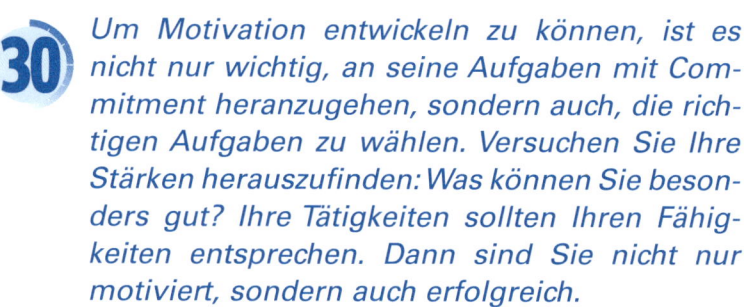

Um Motivation entwickeln zu können, ist es nicht nur wichtig, an seine Aufgaben mit Commitment heranzugehen, sondern auch, die richtigen Aufgaben zu wählen. Versuchen Sie Ihre Stärken herauszufinden: Was können Sie besonders gut? Ihre Tätigkeiten sollten Ihren Fähigkeiten entsprechen. Dann sind Sie nicht nur motiviert, sondern auch erfolgreich.

Schwierigkeiten als Lernchance

Nun wird die Freude am Tun, das „Nutze deine Stärken!" im wirklichen Leben an seine Grenzen stoßen. Wenn Sie realistisch sind, erleben auch Sie immer mal wieder, dass manches nicht passt, Sie über- oder unterfordert, Ihnen nicht so viel Spaß bringt, dass Ihre Lernkurve sinkt, die Routine phasenweise überhand nimmt. Dass Sie häufig nur tun, was Sie schon können, und nicht das, was Sie herausfordert und entwickelt. Manchmal gestatten es auch die Rahmenbedingungen nicht, dass Sie Ihr Potenzial entfalten können.

Sie stehen dann wieder vor der Entscheidung, sich dadurch demotivieren zu lassen oder aktiv zu werden. Im Unternehmen sollten Sie mit Ihrem Chef neue Möglichkeiten prüfen. Aber auch diese werden nicht immer Ihren idealen Erwartungen entsprechen. Und so stehen Sie vor der Aufgabe, aus einer defizitären Situation das Beste zu machen. Wenn etwas nicht verändert werden kann, Sie es aber auch nicht abwählen wollen, dann ist es mindestens intelligent, diese Situation als persönliche Lernchance zu verstehen. Ein Beispiel: Der Chef, der zu mir passt, ist auch der Chef, an dem ich am wenigsten lernen kann. Jede Schwierigkeit, jedes Problem trägt in sich die Herausforderung zur Persönlichkeitsentwicklung. Also: *Nutzen Sie Probleme als Herausforderung.*

Natürlich können Sie sich von der Situation auch herunterziehen lassen. Was viele tun. Und auch dafür haben Sie sich dann entschieden.

Herausforderungen bringen weiter

Da das karierte Maiglöckchen eine eher selten verbreitete Spezies ist und das Paradies auf Erden noch immer zur Verwirklichung ansteht, erweist sich erst bei Herausforderungen – also bei nicht voll von Ihrer Fähigkeit abgedeckten Aufgaben – die Kunst des Lebens. Sind Sie bereit, das Unbequeme als Lernchance zu sehen? Oder lamentieren Sie über die Unbequemlichkeit? Sehnen sich nach Ihrem wohlmöblierten Sicherheits-Container? Da, wo Sie Spannung spüren, da, wo Sie unsicher sind, da, wo auch ein Scheitern möglich ist, da liegt oft ein Schatz begraben. Dort wartet Entwicklung. Spannung. Leben.

Lernen, um zu lernen

Wer immer das tut, was er schon kann, bleibt immer das, was er schon ist. Wie jede Stärke je nach Situation auch immer eine Schwäche sein kann (und umgekehrt), so gibt es auch Menschen, denen es weniger wichtig ist, ein Talent bis zur Neige auszubeuten. Ihnen ist Lernen wichtiger als Erfolg aus Wiederholung. Diesen Menschen liegt daran, Neues auszuprobieren, neue Talente zu entfalten, sich aufs Spiel zu setzen. Das Ausbeuten ihrer Stärken beginnt sie schnell zu langweilen. Ihr größter Feind ist die Routine. Sie wollen, dass ihre Lernkurve steigt. Sie sind glücklich, wenn sie etwas tun, was ihre Fähigkeiten erweitert. Was sie ent-wickelt und hilft, ihr Potenzial auszuschöpfen. Die erkenntnisleitende Frage dabei: Welche meiner Talente liegen brach, sind ungenutzt?

Eine solche Selbstbefragung ist auch mit Blick auf die Arbeitswelt der Zukunft praktisch: Zieht man sich nämlich auf seine Kernkompetenz zurück (statt neue Fähigkeiten aufzubauen), erreicht man bald den Zustand hoher innovatorischer Inkompetenz. Die Beschäftigungsfähigkeit sinkt. Für den Einzelnen erwächst daraus die Aufgabe, sich ein Spielfeld zu wählen, auf dem er kontrastreiche Erfahrungen machen kann. Oder das Spielfeld zu wechseln. Das führt uns zur Leistungs-Möglichkeit.

Sehen Sie Aufgaben und Situationen, die noch nicht Ihren Fähigkeiten entsprechen, als Herausforderung an. Können Sie dadurch neue Talente in sich entdecken, sich selbst weiterentwickeln? Betrachten Sie Schwierigkeiten als Lernchance, statt sich von diesen demotivieren zu lassen.

Handlungsfeld 3: Spielfeld wählen

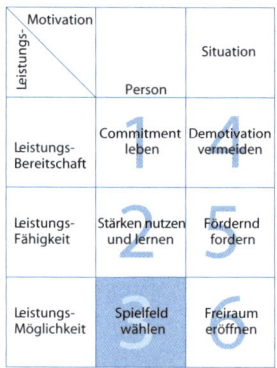

Wie lässt sich erklären, dass manche Menschen unter widrigen Verhältnissen erfolgreich sind, während andere selbst unter optimalen Bedingungen stets „Underachiever" bleiben? Wieso bekommt der eine kein Bein auf den Boden, während der andere bei gleicher Motivation und sogar nahezu gleichen Fähigkeiten sich von Erfolg zu Erfolg schwingt? Es liegt nicht zuletzt an der Wahl des „richtigen" Unternehmens, der Branche, der Organisation, kurz: des „Spielfeldes", das mit unserer Persönlichkeit harmoniert. Es liegt an der Wahl der Rahmenbedingungen unseres Handelns, an der Leistungs- Möglichkeit.

Jeder von uns bringt ganz bestimmte Talente und Eigenschaften mit, die zu einem konkreten Tätigkeitsfeld besonders gut passen. Unsere Fähigkeiten sind dort „auf dem Punkt". Treffen wir die falsche Wahl, lassen wir z.B. tätigkeitsfremde Überlegungen wie die gegenwärtige Arbeitsmarkt-Nachfrage, Statusversprechen, hohe Einkommensmöglichkeiten, Fremdbestimmung durch Eltern entscheiden, kann sich unsere natürliche Motivation oft nicht entfalten.

Wir werden langfristig unzufrieden. Oder krank. Oder beides. Hüten Sie sich davor, durch tätigkeitsfremde Überlegungen oder „Zufälle" auf Spielfelder zu kommen, auf denen Sie *scheinen* müssen, was Sie nicht *sein* wollen. Eine der Hauptursachen für Stress ist, dass wir immer wieder versuchen, eine Rolle zu spielen, die uns nicht liegt.

Gefällt Ihnen Ihre Arbeit?

Sie kommen Ihrem Kraftpotenzial nahe, wenn Sie sich fragen: Tun Sie das, was Sie schon immer tun wollten? Gefallen Ihnen die Gegenstände, Produkte, Objekte, mit denen Sie sich befassen? Wertschätzen Sie die Werkzeuge und die Tätigkeiten, die Sie damit ausführen? Gefallen Ihnen Lage und Ort Ihrer Berufsausübung?

Wenn Sie diese Fragen mehrheitlich mit Ja beantworten können, dann haben Sie wahrscheinlich das „richtige" Spielfeld gewählt. Ich treffe jedoch immer wieder Menschen, die sich schlicht in der Wahl ihres Berufes geirrt haben. Die dort, wo sie sind, ihr Potenzial nicht entfalten können, die – um es in der Autofahrersprache auszudrücken – ihre PS nicht auf die Straße bringen. Die sich anstrengen, abmühen, die wollen und können – aber nicht dürfen. Oder keine Chance haben, ihrem Talent den richtigen Wirkungsgrad zu verleihen.

Sind Ihre Fähigkeiten gefragt?

Das ist die zentrale Frage: Bekommen Sie für das, was Sie am besten können, ein Lächeln? Passt Ihr Talent zu diesem Spiel? Wenn Sie z. B. ein ausgeprägt innovativer Mensch sind: Wird in Ihrem Unternehmen Innovation auch wirklich nachgefragt – oder wird das nur behauptet? Bei Bewerbungen: Fragen Sie nicht nur „Pass ich zu dem Unternehmen?", sondern auch „Passt das Unternehmen zu mir?".

Vielleicht ist es nur eine Frage der Regeln, nach denen ein Spiel gespielt wird. Natürlich hat jedes Spiel Regeln, von denen Sie einige für sinnvoll halten, andere nicht. Auf jeden Fall begrenzen sie die Freiheit, was immer dann beklagt wird, wenn eine Spielregel aus individueller Sicht als unsinnig erlebt wird. Viele Menschen erleben sich dann als Opfer von Umständen, die so sind, wie sie sind, ihnen aber nicht gefallen. Dabei unterschlagen sie, dass sie die Spielregeln ändern können. Aller Erfahrung nach wird Ihnen kein Unternehmen den Freiraum zur Verfügung stellen, den Sie wirklich brauchen. Den müssen Sie sich schon holen. Dafür müssen Sie selbst aktiv werden. Zum Beispiel, indem Sie andere von der Unsinnigkeit gewisser Spielregeln überzeugen und gemeinsam darauf hinarbeiten, dass sie abgeschafft werden. Also: Nicht warten, dass die Dinge von alleine besser, freizügiger werden. Nicht warten, dass andere etwas für Sie tun. Freiraum muss man auch erobern.

Das Spielfeld wechseln

Aber vielleicht können Sie die Spielregeln nicht so verändern, dass das Spiel Ihnen gefällt. Dann ist es Zeit, das Spielfeld zu verlassen. Dafür ist dann ein Preis fällig. Wie hoch er ist, muss jeder Einzelne für sich entscheiden. Eine Frage der persönlichen Werthaltung. Was dem einen etwas gilt, gilt dem anderen nichts. Was den einen seinen Job kündigen lässt, ringt dem anderen nur ein müdes Lächeln ab.

Wer zum Beispiel einen Vorgesetzten als völlig indiskutable Einschränkung seiner persönlichen Entfaltungsfreiheit erlebt, kann sich selbständig machen. Und wenn Sie mit allen Umständen in Ihrem Job leben können, nur nicht mit der Tatsache, dass Sie zu wenig Geld verdienen, dann gibt es hunderte von Jobs, die Ihr Einkommen um ein Vielfaches erhöhen. Es gibt unzählige Beispiele, die belegen, dass die nahezu gleiche Arbeit – auf unterschiedlichen Spielfeldern verrichtet – völlig anders bezahlt wird. Wenn bei jemandem die Bezahlung ganz oben auf seiner Wertschätzungsskala steht, sollte er auf ein besser dotiertes Spielfeld wechseln.

Hohe Motivation und gute Leistung sind nicht nur eine Frage des Wollens und Könnens. Es gehört auch dazu, sich ein Betätigungsfeld zu wählen, auf dem man seine Fähigkeiten entfal-

ten darf. Bietet Ihnen Ihr Arbeitsplatz die Möglichkeiten, die Sie suchen? Sind Ihre Talente gefragt, wird ihnen Wertschätzung entgegengebracht?

Arbeit soll befriedigen

Untersuchungen zur Motivationspsychologie haben gerade in den letzten Jahren immer wieder bestätigt, dass sich die Ansprüche an „sinnvolle" Arbeit und an ein wertbezogen „ungetrenntes" Leben dynamisiert haben. Die Menschen wollen stolz sein auf den Beitrag, den sie dem Empfänger ihrer Arbeit, dem Unternehmen, der Gesellschaft, leisten. Gerade diese „Stolzbrücke" zwischen der eigenen Tätigkeit und dem umgebenden Meinungsklima wird in den Untersuchungen zur Arbeitszufriedenheit immer wieder genannt.

Denn das harte Arbeiten war noch nie ein Problem, wenn klar war, wofür. Die Frage „wofür?" ist jedoch nicht allgemein verbindlich zu beantworten. Es ist kaum möglich, verbindliche Kriterien zur Sinnfindung anzugeben, die den Rang einer gewissen allgemeinen Gültigkeit beanspruchen könnten. (Entsprechend lächerlich sind jene „Visionen", „Mission-Statements" oder andere hohl tönende Leitbilder, mit denen Unternehmen ihrem „Personal" Sinn oktroyieren wollen.) Sinn kann nicht geboten werden, sondern wird von jedem einzelnen Mitarbeiter ganz individuell gefunden. Allenfalls gilt: Wer etwas leistet, erlebt das als sinnvoll.

Damit Arbeit als sinnvoll empfunden wird

Dennoch hat die Verhaltensforschung einige Bedingungen genannt, die für motiviertes Arbeiten hilfreich sind. Danach wird Arbeit vom Menschen dann als sinnvoll empfunden, wenn sie ist:

- *Physische und geistige Tätigkeit* – Planen und Machen sollten zusammengehören, um Funktionslust erlebbar werden zu lassen. Die Trennung von Denken und Tun wird immer mehr abgelehnt. Zufriedenheit resultiert meist aus Aufgaben, die von Anfang bis Ende in einer Hand liegen, die ein „Werk" entstehen lassen.

- *Gestalterische Tätigkeit* – Menschen wollen durch ihre Arbeit sich selbst und ihre Umwelt verändern; dazu muss das menschliche Neugierverhalten befriedigt werden können. Eine Arbeit, die sich weitgehend in Routine erschöpft, wirkt langfristig demotivierend.

- *Produktive Tätigkeit* – das Verhältnis von aufgewandter Energie und erzeugter Energie sollte möglichst günstig sein. Niemand arbeitet langfristig motiviert in einem Teamprojekt, wenn abzusehen ist, dass dessen Ergebnis anschließend in einer Vorstandsschublade verschwinden wird.

- *Interaktive Tätigkeit* – die meisten Menschen suchen und nutzen die Möglichkeiten zu vielfältigen sozialen Kontakten am Arbeitsplatz. Sie wollen wahrgenommen werden, suchen den Austausch und begrüßen Zusammenarbeit.
- *Gerichtete Tätigkeit* – Sinn wächst aus dem gültigen, von der Umwelt anerkannten Werk. Arbeit muss als Beitrag erlebt werden. Damit ist Arbeit immer Arbeit für andere, d.h., der Adressat der Arbeit muss für den Einzelnen ebenso erkennbar sein wie der Nutzen, den die Arbeitsleistung für diesen stiftet.

Das Missachten einer oder mehrerer Dimensionen dieses ganzheitlichen Arbeitsbegriffs führt im Regelfall zu Unterforderung und langfristig zu Demotivation.

In Zeiten der Mega-Fusionen sei angefügt: Eine der schwerwiegendsten Bedrohungen für Motivation und Eigenleistung ist *Größe.* In unüberschaubaren, jedes menschliche Maß missenden Organisationen sind Erfolgserlebnisse kaum wahrnehmbar, haben eine Tendenz zum Versickern. Es kommt zu einer Ich-Die-Unterscheidung, die eine Verantwortungsübernahme für den Erfolg des Ganzen nahezu unmöglich macht. Zur Nächstenliebe mag der Mensch fähig sein, die Fernstenliebe überfordert ihn. „Rädchen-im-Getriebe"-Gefühle und ohnmächtige „Was-soll-ich-denn-schon-bewegen-können"-Einstellungen sind die Folgen relativer Bedeutungslosigkeit des eigenen Beitrags. Darüber hinaus wachsen Anonymität, Beziehungslosigkeit und Hierarchie. Und mit dem zarten Pflänzchen Selbstbestimmung stirbt die Motivation.

Damit man motiviert an seine Arbeit herangeht, muss diese als sinnvoll erlebt werden. Wer stolz ist auf seine Tätigkeit und die Ergebnisse seines Tuns, arbeitet gern.

Zusammenhang Person – Situation

Wenn in Unternehmen Motivation thematisiert wird, ist das meist ein Merkmal von Resignation: Über Motivation wird immer dann gesprochen, wenn sie nicht mehr vorhanden, mindestens aber bedroht ist. Eigentlich geht es immer um Demotivation und deren Behebung. Dabei konzentriert man sich auf das Individuum, genauer: auf die Leistungs-Bereitschaft des Individuums. Das gesamte Management-Denken und auch die ältere Motivationstheorie gehen grundsätzlich davon aus, dass der Einzelne nicht motiviert ist, sondern ein „zu Motivierender". Sie verweisen auf die Jammerzirkel, den vielfach beobachtbaren Dienst nach Vorschrift und die grassierende innere

Kündigung, die als Phänomene der Demotivation nicht von der Hand zu weisen sind.

Es spricht jedoch vieles dafür, dass der Mensch im Regelfall motiviert ist, zu Beginn einer Arbeit seine Aufgabe auch engagiert erledigen will, aber im Laufe der Zeit durch vielerlei Rahmenbedingungen demotiviert wird. Statt zu fragen, wie man einen Mitarbeiter motivieren kann („Nun zeigt mal, was ihr könnt, ihr Berater!"), kann man auch untersuchen, warum der Mitarbeiter *nicht mehr* motiviert ist (und dann käme die Qualität der Führung in den Blick!).

Einfluss der externen Faktoren

Auf das Abnehmen der Motivation kann man wiederum auf zwei verschiedene Weisen reagieren. Sie können sagen: „Jemand lässt sich demotivieren." Dann bleiben Sie im Kontext der Selbst-Steuerung, bei der persönlichen Einstellung, die wir bisher beschrieben haben. Wenn Sie aber sagen: „Jemand wird demotiviert", dann sind Sie im Kontext der Fremd-Steuerung, also bei den externen Einflussfaktoren, der Situation.

Bedeutung des Führungsverhaltens

Welchen Kontext Sie auch immer wählen: Die Verwirklichung von Handlungsalternativen ist nicht nur vom individuellen Wählen und Wollen abhängig, sondern auch von Ereignissen und Bedingungen, die weitgehend außerhalb unserer Kontrolle liegen. Es ist mithin unsinnig, die Leistungs-Bereitschaft eines Menschen anreizen zu wollen, aber den Rahmen zu ignorieren, in dem diese Leistung erbracht werden soll. Damit wären wir bei den Bedingungen der Möglichkeit von motiviertem Leistungsverhalten. Damit wären wir – stellvertretend – beim Chef.

Mehr Motivation! – Die Verwirklichung dieses Anspruchs hängt vor allem vom Einzelnen ab.

- *Commitment heißt: sich jeden Tag aufs Neue für das Leben, das man lebt, entscheiden; sich bewusst machen, dass man Wahlfreiheit hat, täglich neu entscheiden kann.*
- *Für motiviertes Handeln ist außerdem wichtig, seine Aufgabe soweit wie möglich mit seinen Neigungen in Einklang zu bringen.*
- *Auf dem „richtigen" Tätigkeitsfeld sind genau die Fähigkeiten gefragt, die man hat. Arbeit wird dann als sinnvoll empfunden.*

30 MINUTEN

4. Rahmenbedingungen – Erfolgsfaktor für Motivation

Wenn Sie Golf spielen, verbringen Sie einen halben Tag damit, lange Wege zu gehen, um einen winzigen Ball in ein kleines Loch zu zirkeln – wieder und wieder. Was ist daran so interessant? Was das Golfspiel attraktiv macht, ist offenbar der Kontext, in den die Aufgabe eingebettet ist, den Ball ins Loch zu schlagen: eine landschaftlich schöne Umgebung, Abwechslung (unterschiedliche Schläge, unterschiedliches Terrain), Herausforderung, Spannung, interessante Mitspieler. Stellen Sie sich vor, Golfspielen wäre wie eine ganz normale Arbeit in irgendeinem x-beliebigen Unternehmen: Ihre Aufgabe wäre es, den Ball vom zwölften Tee zu schlagen. Das wäre alles, was Sie tun müssten. Immer wieder. Und Ihnen würde genau gesagt und vorgemacht, wie, wann und womit Sie den Ball zu schlagen hätten. Hätten Sie immer noch Lust, Golf zu spielen?

Handlungsfeld 4: Demotivation vermeiden

Egal, was Sie tun, Ihnen scheint, als machten Ihre Mitarbeiter nur das Nötigste. Sie haben flammende Reden gehalten. Sie haben die Gehälter erhöht. Sie haben mit Incentives um sich geworfen. Sie haben mit Anerkennung nicht gegeizt, Schultern geklopft, den „Mitarbeiter des Monats" ausgerufen. Aber irgendwie scheint das alles nicht zu funktionieren. Und Sie fragen sich: „Was kann ich denn noch tun, um meine Mitarbeiter zu motivieren?"

„Gar nichts", lautet die hier zu vertretende Antwort, „aber Sie sollten aufhören, sie zu demotivieren." Man kann andere langfristig nicht motivieren. Prämien, Incentives, Boni, so genannte „leistungsvariable" Einkommensbestandteile, öffentliches Lob und auffordernde Ansprachen sollen zwar die Mitarbeiter anregen, härter zu arbeiten. Aber sie verbessern nicht die Rahmenbedingungen, die die Mitarbeiter gleichzeitig beharrlich demotivieren. Als Führungskraft sind Sie besser beraten, wenn Sie die *Bedingun-*

gen der Möglichkeit von Motivation schaffen – einen Kontext, in dem es Spaß macht, sich einzusetzen.

Vom Elend der Motivierung

„Wie bekomme ich die ganze Arbeitskraft meiner Mitarbeiter?" Das ist die klassische Führungsfrage. Die Antwort der Motivierungs-Schraubendreher lässt sich mit den sechs Worten jener Strategie zusammenfassen, mit der viele von Ihnen Ihre Kinder erziehen, Mitarbeiter (ver-)führen oder den Hund abrichten: „Tu dies, dann bekommst du das!"

Viele Führungskräfte vergleichen – häufig unbewusst – ihre Motivierungsaufgabe mit Beispielen aus der unbelebten Welt. Menschen sind danach wie Maschinen passive Dinge, die man stimulieren muss, damit sie aktiv werden. Im Falle der Maschinen stellt das Management den Strom an. Im Falle der Mitarbeiter übernimmt Geld die Rolle des Stroms.

„Sie müssen Ihren Leuten Belohnung in Aussicht stellen", lautet entsprechend der Rat, der schnell Steigerung der Motivation verspricht – und schnell sehr teuer wird, wenn zum Beispiel an Incentives gedacht wird. Und das Wunder geschieht: Die Leistungskurve der Mitarbeiter beginnt leicht zu steigen. Leider nur für kurze Zeit. Gerade als man die ersten Sektflaschen öffnen will, neigt die Kurve wieder sanft ihr Haupt. Was ist passiert?

Anreize demotivieren auf längere Sicht

Der Hauptstrom der älteren arbeitspsychologischen Literatur betrachtet extrinsische (von außen kommende) und intrinsische (von innen kommende) Anreize als voneinander unabhängig oder sich ergänzend. Eine große Zahl neuerer experimenteller Befunde verweist jedoch auf eine negative Beziehung von äußeren Anreizen und dauerhaft motivierter Leistung: Anreize zerstören langfristig den Eigenantrieb. Die Arbeitsmoral sinkt langsam.

Motivierung verlangt ständig neue Motivierung

Es liegt auf der Hand, dass nur um den Preis permanenter Neu-Motivierung motiviert werden kann. Die Prämie schafft kurzfristige Identifikation mit der Aufgabe. Aber bisher hat keine einzige Studie weltweit eine dauerhafte Leistungsverbesserung durch Prämiensysteme nachweisen können. Die Belohnung, vielleicht einmal unerwartet und als verdienter Dank ehrlich gewährt, avanciert zur Bestechung: Jede Prämie wird zur Rente. Sie beinhaltet die Verheißung, bei ähnlichen Taten wieder und wieder ... Wenn Mitarbeiter eine erwartete Prämie nicht erhalten, fühlen sie sich bestraft.

„Tu dies, dann bekommst du das" konzentriert die Menschen auf „das" statt auf „dies". Die Verhaltensbiologie hat einleuchtend dargelegt, dass sich der

Mensch schnell an ein immer höheres Reizniveau gewöhnt, er also nach kurzer Zeit ohne „Zusatz"-Reiz eine geringere Leistungs-Bereitschaft zeigt: Die Schraube muss endlos weitergedreht werden, um – und das ist wichtig! – die *gleiche* Leistung zu erzielen. Mitarbeiter werden so früher oder später zu nörgelnden Dauerpatienten am Belohnungstropf.

Belohnungserwartung

Die Frage lautet dann nicht mehr: „Was muss ich tun, um mit meiner Arbeit den größten Nutzen zu stiften?", sondern: „Was muss ich tun, um die größtmögliche Belohnung zu erhalten?" Der Prozess des Arbeitens, aber mehr noch die Wertigkeit der geleisteten Arbeit wird gleichsam übersprungen mit Blick auf die winkende Belohnung. Motiviert also Belohnung? Absolut! Belohnung motiviert, belohnt zu werden.

Jeder Versuch der Motivierung geht davon aus, dass man bei jemandem eine bestimmte Handlung hervorrufen kann, indem man eine Belohnung in Aussicht stellt. Dies funktioniert – vielleicht, und immer nur für eine begrenzte Zeit.

30

Belohnung zerstört Teamgeist

Wettbewerbe um Prämien werfen zudem Gerechtigkeitsprobleme auf. Sie belasten das Kooperationsklima zwischen den Mitarbeitern. Wenn man Kooperation fordert, jedoch individuelle Ergebnisse belohnt, dann bleibt für die angestrebte Teamorientierung im Unternehmen oft nur ein schiefes Lächeln. Nimmt man hinzu, dass bei Belohnungen qualitative, komplexe und langfristig angelegte Aufgaben gemieden werden, so wird deutlich: Die Motivierung ist die Krankheit, für deren Heilung sie sich hält.

Mangelnde Führungsqualität – Griff zur Motivierung

„Geld schießt keine Tore." Otto Rehagel hat das Nötige gesagt. Motivation lässt sich nicht kaufen. Wer es dennoch versucht, will in der Regel keine Verantwortung für den Prozess der Leistungsentstehung übernehmen. Damit kommt die Auswahl der Führungskräfte in den Blick. Der stets erneuerte Versuch, Motivation der Mitarbeiter durch den Griff zur Brieftasche zu erzeugen, erklärt sich nämlich zu weiten Teilen aus den defizitären Auswahlprozessen für Führungskräfte. Insbesondere die selbstregelnden Anreizsysteme (Bonus-Pläne, Wettbewerbe) ermöglichen es der Führung, passiv zu bleiben. Den Unternehmenszielen führt das keinen Schritt entgegen.

Also: Bei Führungskräften lieber ein Gramm Auswahl als ein Kilo Weiterbildung. Nur solche Menschen zu Führungskräften machen, die glaubwürdig Beziehungen zu Menschen gestalten können und aktiv wollen. Und: Schwache Führungskräfte schneller von der Führungsaufgabe entbinden. *Denn der Rückgriff auf Anreizsysteme ist der Offenbarungseid der Führung.*

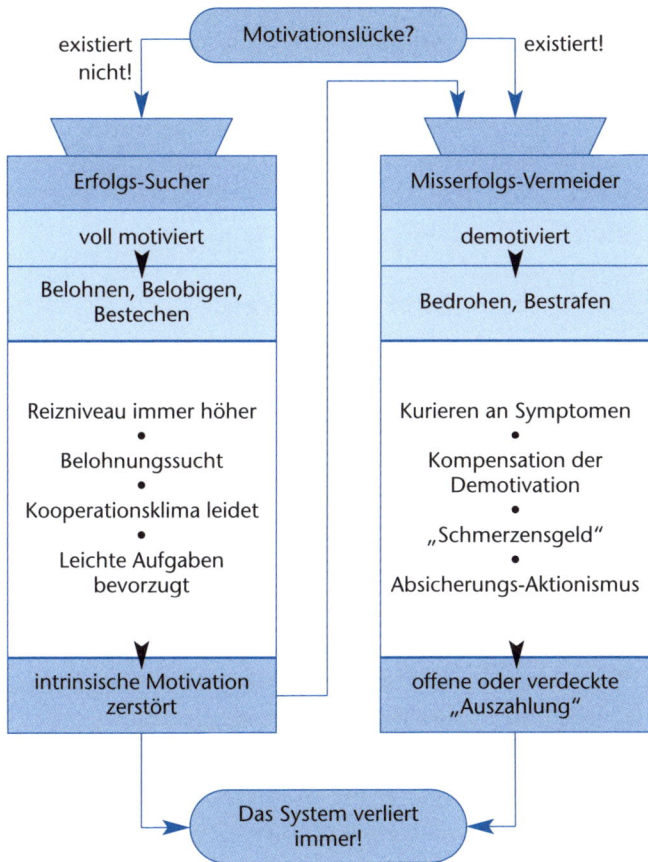

Spaß: ja! – Belohnung: nein!

Hände weg von der Leistungs-Bereitschaft! Wenn Sie mit Ihren Mitarbeitern eine schöne Reise, etwas Gemeinsames erleben wollen – prima. Wenn Sie mit Ihren Mitarbeitern feiern wollen – prima. Wenn Sie ein Seminar besuchen wollen, um gemeinsam noch erfolgreicher zu sein – prima. Aber entkoppeln Sie davon den Belohnungs- bzw. Erwartungsaspekt. Schaffen Sie alle Incentives, Prämien und Zulagen ab! Bezahlen Sie Ihre Leute gut und fair – und tun Sie dann alles, damit sie das Geld vergessen.

Gemeinsam Ziele erarbeiten

Stellen Sie sich vor Ihre Mitarbeiter und sagen Sie ihnen in aller Entschiedenheit: „Ich bin nicht dafür da, Sie zu motivieren!" Es ist nicht Ihre Aufgabe als Führungskraft, Ihre Mitarbeiter glücklich zu machen. Schluss mit dem Verwöhnen! Stattdessen: Leistung fordern. Ziele vereinbaren. Und kontrollieren. (Ich meine dabei die wirklich dialogische Vereinbarung im Gegenstromverfahren, keine Ziel-„Diktate".) Mitarbeiter als vereinbarungsfähige Partner ernst nehmen.

Wenn Sie sich als Führungskraft um die Leistungs-Bereitschaft Ihrer Mitarbeiter sorgen, dann sollten Sie eine wichtige wirkungspsychologische Verschiebung beachten: Zwar kann man einen Menschen nicht langfristig von außen motivieren, etwas zu tun, was er freiwillig nicht tun will. Man kann ihn aber sehr wohl und nachhaltig demotivieren. *Leistungs-Bereitschaft kann man nur zerstören.* Damit ist Führen vor allem das Vermeiden von Demotivation.

Demotivierende Faktoren ausschalten

Seien Sie also aufmerksam für die vielen demotivierenden Faktoren, die die Leistungs-Bereitschaft des Mitarbeiters behindern – und nehmen Sie sich selbst dabei nicht aus! Das Problem ist nicht die mangelnde Motivation der Mitarbeiter, sondern das vielfach demotivierende Verhalten der Führungskräfte: zwanghafte Ordnungsliebe, Genauigkeitsfanatismus und Kleinkrämerei. Einsame Entscheidungen auf dem Feldherrnhügel. Überzogene, lautstarke und auf persönliche Eigenschaften bezogene Kritik. Informationen werden nicht, verspätet oder manipuliert weitergegeben. Mangelnde Glaubwürdigkeit: verbale Aufgeschlossenheit bei rigider Verhaltensstarre. Es gibt keinen unternehmensrelevanten Faktor, der so stark demotiviert wie die soziale Inkompetenz des unmittelbar Vorgesetzten.

Gute Führungskräfte versuchen nicht, ihre Mitarbeiter zu motivieren. Sie vereinbaren klare Ziele und sorgen dafür, dass sie erreicht werden. Sie überprüfen auch sich selbst auf demotivierende Verhaltensweisen.

Beziehungskisten

Stellen Sie sich vor, Ihr Mitarbeiter sitzt Sonntagabend in seinem Wohnzimmer – und denkt an Montagmorgen. Welche Gefühle überkommen ihn wohl? Er denkt an seine Aufgabe, an seine Kollegen, an Sie – seinen Chef: Freut er sich wohl, Sie wiederzusehen? Findet er es toll, mit Ihnen zusammenarbeiten zu können? Oder hat er Fluchtreflexe? Das Gefühl, das bei ihm entsteht, sagt viel über seine Motivation aus. Denn es ist vor allem die Beziehung zum direkten Vorgesetzten, die es ihm morgens leicht oder schwer macht, zur Arbeit zu gehen.

Bedeutung der Beziehungsebene

Die Kommunikationswissenschaft sagt uns, dass die Beziehungsebene zwischen zwei Menschen die Inhaltsebene dominiert. Wenn der „richtige Draht" zwischen Chef und Mitarbeiter fehlt, werden die inhaltlichen Aussagen von den Beziehungsstörungen deformiert. Damit ist die Beziehung zum Vorgesetzten die Achillesferse der Arbeitszufriedenheit.

Es ist höchste Priorität, die Beziehungsebene im Team immer wieder anzusprechen. Fragen Sie nach! Fordern Sie Feedback! Konzentrieren Sie sich auf das, was die Motivation des Mitarbeiters täglich *behindert.* Es sind die vielen kleinen verbalen und non-verbalen Gesten des Nicht-Beachtens, Überhörens und leisen Geringschätzens, die niederdrücken.

Stimmung im Team

Ziehen Sie sich mindestens einmal im Jahr mit Ihren Mitarbeitern an einen ruhigen Ort zurück und sprechen Sie einen Tag lang über die Beziehungen im Team. Lassen Sie einen Moderator diesen Team-Workshop leiten. Fragen Sie: Wie gehen wir täglich miteinander um? Wie ist unsere Gesprächskultur? Gibt es etwas, was ich mir von anderen wünsche, aber in der operationalen Alltagshektik immer wieder verschiebe? Gibt es etwas in meinem Verhalten, was andere – vielleicht täglich – herunterzieht?

So gestalten Sie eine positive Beziehung

- Betrachten Sie Ihren Mitarbeiter nicht nur als Produktivfaktor, sondern als Individuum. Unternehmen sind letztlich Veranstaltungen von Menschen für Menschen.
- Gehen Sie auf die individuellen Bedürfnisse, Gefühle und Probleme Ihrer Mitarbeiter ein.
- Schaffen Sie ein Vertrauensklima: Wenn Sie mit Menschen zusammenarbeiten, dann sollten Sie ihnen auch vertrauen.
- Eine Führungskraft, die nicht lachen kann, sollte ihren Job an den Nagel hängen.

Offen sein und zuhören

Wenn Sie also die Selbstmotivation der Menschen anregen wollen, bedeutet das kein Einreden auf jemanden. Sondern ein Zuhören. Verwandeln Sie sich in ein einziges großes Ohr! In der Regel ist die Leistungs-Bereitschaft der Mitarbeiter viel größer als die Phantasie der Manager, sie zu nutzen.

Berücksichtigen Sie als Führungskraft die Bedeutung der persönlichen Beziehung. Sehen Sie Ihre Mitarbeiter nicht nur als Leistungslieferanten, sondern schaffen Sie ein warmes sozial-emotionales Umfeld.

Handlungsfeld 5: Fördernd fordern

Leistungs- \ Motivation	Person	Situation
Leistungs-Bereitschaft	1 Commitment leben	4 Demotivation vermeiden
Leistungs-Fähigkeit	2 Stärken nutzen und lernen	5 Fördernd fordern
Leistungs-Möglichkeit	3 Spielfeld wählen	6 Freiraum eröffnen

Warum „liefern" intelligente und kompetente Menschen oft nur gerade so viel, dass sie nicht negativ auffallen? Warum bleiben sie so oft unter ihren Möglichkeiten? Warum aber scheinen sie nach 17.00 Uhr zur Höchstform aufzulaufen?

Arbeit als Herausforderung

Offenbar ist für sie die Arbeit selbst nicht reizvoll. Menschen begrüßen Situationen, in denen sie ihre Stärken ausspielen können, in denen sie sich als erfolgreich erleben. Wenn die Arbeit solche Momente bietet, zieht das an. Man hat in den Unternehmen aber vielfach vergessen, Arbeit als ein persönlichkeitsbildendes Lebensprojekt zu begreifen.

Fähigkeit ist das Herzstück von beruflichem Selbstbewusstsein. Wer etwas kann oder erlernt hat, aber keine Möglichkeit findet, das Erlernte auch anzuwenden, wird demotiviert. Ohne Lernerfahrung keine dauerhafte Motivation! Persönliches Wachstum in der Aufgabe ist die entscheidende Voraussetzung für volle Leistungsentfaltung. Das heißt, Arbeit als Arbeit *an sich selbst* zu erfahren.

Die zentrale Frage lautet hier mithin: Was muss von einer Person gefordert werden, damit sie sich in ihren Kompetenzen und Potenzialen anerkannt fühlt? Wir haben in den Unternehmen ein massives Unterforderungsproblem. Die Menschen sind immer qualifizierter. Sie können im Regelfall immer mehr, als von ihnen konkret verlangt wird. Natürlich gibt es auch Überforderung, die als Stress erlebt wird. Aber in der Breite ihrer Kompetenz fühlen sich die meisten Mitarbeiter *unterfordert.*

Auch hier wirkt das Verhalten des Chefs oft eher demotivierend:

- geringe Leistungserwartung
- er weiß und kann immer alles besser
- Missachtung fachlicher Kompetenz
- er greift oft und gerne ein („Chefsache")
- übertriebene Kontrolle.

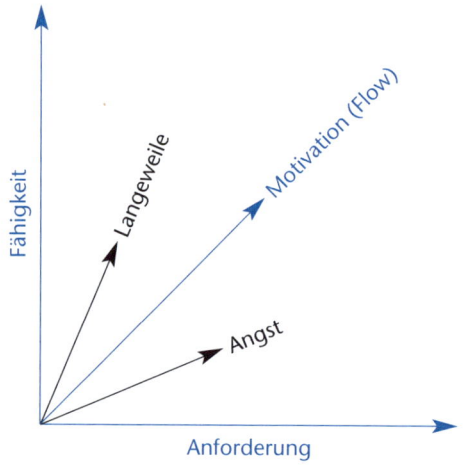

Optimales Zusammenspiel von Anforderungen und Fähigkeiten (Flow)

Mitarbeiter fördern und fordern

Seien Sie sicher: Wenn Sie Mitarbeiter für unselbständig halten, werden sie es sein. Wollen Sie aber in die Leistungs-Fähigkeit Ihrer Mitarbeiter investieren, dann sind Personaleinsatz und Personalentwicklung die wichtigsten Stichworte.

Wenn Führen heißt, mit durchschnittlichen Menschen überdurchschnittliche Leistungen zu erzielen, dann hat der Personaleinsatz höchste Priorität. Achten Sie darauf, dass der Arbeitsinhalt Fähigkeiten vom Mitarbeiter fordert, die er besitzt und für wichtig erachtet. Erfolgserlebnisse sind möglich bei Aufgaben, die weder über- noch unterfordern, sondern herausfordern.

Aufgabenbereiche gezielt festlegen

Die richtige Person am richtigen Platz: Anerkennen wir den Zusammenhang von Fähigkeit und ausgeübter Tätigkeit in ihrer Bedeutung für den Arbeitserfolg, dann können wir Mitarbeitern mit geringer Leistung helfen, durch die Wahl der richtigen Aufgabe eine Kurskorrektur vorzunehmen. Schon manche interne Versetzung hat neu beflügelt. Und nicht selten sind Menschen in Kleider hineingewachsen, die andere ihnen geschneidert haben.

Sprechen Sie mit Ihrem Mitarbeiter:

* Welche seiner Neigungen und Fähigkeiten bleiben gegenwärtig ungenutzt?
* Wenn das Unternehmen auf der grünen Wiese neu gegründet würde: Auf welchen Job würde er sich gerne bewerben?
* Wie sieht sein Traumberuf aus?

Die Führungskraft, die lebendiges Lernen fördern will, fragt nicht, wie ein Mitarbeiter motiviert werden kann, sondern wie er seine Motivation findet. Abermals: Zuhören! Wenn Sie die Voraussetzung für motivierte Eigenleistung verbessern wollen, sollten Sie unterstützende Gespräche anbieten; vor allem den Mitarbeitern, die sich ihrer Stärken, ihres Wissens und Könnens vielleicht nicht sicher sind. Hier Hilfen zu realistischer Selbsteinschätzung anzubieten ist Führungsaufgabe.

 Wer seine Talente einbringen und damit etwas bewirken kann, hat Erfolgserlebnisse – und diese motivieren. Aufgabe der Führungskraft ist es, die Tätigkeitsbereiche so zu gestalten, dass Mitarbeiter nicht über- oder unterfordert sind, sondern ihre Arbeit als Herausforderung erleben.

Typen von Mitarbeitern

Sie können drei Mitarbeitergruppen unterscheiden:

- Erstens jene Mitarbeiter, die sich von ihrer Aufgabe *herausgefordert* fühlen. Die lernen und ihre Aufgabe als spannend erleben. Sorgen Sie dafür, dass es so bleibt! Denn jeder sucht sich die Aufgabe, die ihn persönlich wachsen lässt. Sonst ist er schon einen Schritt in die innere Kündigung gegangen.
- Zweitens gibt es Mitarbeiter, die *unterfordert* sind.

Dann haben Sie als Führungskraft eine Einsatzaufgabe. Finden Sie einen Bereich, in dem der Mitarbeiter sich herausgefordert fühlt. Die Hauptmotive für den Wechsel des Unternehmens sind fehlender Zugang zu spannenden Projekten sowie mangelnde Ausbildung und Förderung. Unterforderung ist hochgradig demotivierend. Diese Menschen unterfordert zu lassen, aber ersatzweise mit Geld zuzuschütten, löst das Problem nicht.

- Drittens gibt es jenen Mitarbeiter, der von seinem Job *überfordert* ist. Wieder haben Sie eine Einsatzaufgabe. Finden Sie einen Bereich, in dem dieser Mitarbeiter *sein* Potenzial entfalten kann. Wo er sich wieder als erfolgreich erlebt, seine Stärken ausspielen kann. Diesem Menschen lediglich Geld vorzuenthalten, löst das Problem nicht.

Personalentwicklung ist eine nichtdelegierbare Führungsaufgabe von höchster Priorität: das Herausfordern kreativer Akteure, ein Ausschöpfen und Erweitern individueller Möglichkeiten. Der Chef ist daher der erste Personalentwickler seiner Mitarbeiter. Er stellt Aufgaben, die die verborgenen Fähigkeiten des Mitarbeiters „ent-decken". Er setzt jenen subjektiven Überhang frei, den jedes Individuum in das Unternehmen mitbringt und der so selten gefordert wird.

So fördern Sie Ihre Mitarbeiter

- Fokussieren Sie schon bei der Personalauswahl auf die Lernfähigkeit des Bewerbers.
- Geben Sie Ihren Mitarbeitern Aufgaben, die ihren Fähigkeiten entsprechen und sie herausfordern. Vor allem aber unterfordern Sie sie nicht.
- Führen Sie keine Schwächen-Debatten. Wenn Sie Stärken stärken, schwächen Sie Schwächen.
- Informieren Sie Ihre Mitarbeiter regelmäßig und umfassend.
- Betrachten Sie Fehler des Mitarbeiters als Lernchance. Ohne Fehler ist kein Lernen möglich.
- Konfrontieren Sie Minderleistung wertschätzend, klar und „schonungs"-los.
- Beurteilen Sie Leistung nicht nur an absoluten Standards, sondern auch an der individuellen Leistungssteigerung, die das persönliche Potenzial des Mitarbeiters berücksichtigt.
- Führen Sie Transfergespräche, wenn der Mitarbeiter von einem Seminar zurückkommt: „Was kann ich tun, um Sie auf Ihrem Lernweg zu unterstützen?"
- Führen Sie Fördergespräche, und nutzen Sie Leistungsvergleiche nicht, um zu belohnen und zu bestrafen, sondern um voneinander zu lernen.
- „Stören" Sie immer wieder die Beharrungsenergien Ihrer Mitarbeiter: „Wie können wir besser werden, uns besser organisieren?"
- Überlegter Personaleinsatz und gezielte Personalentwicklung sind Ihre Hauptaufgaben als Führungskraft

Um Mitarbeitern die Eigenmotivation zu erleichtern, sollte die Führungskraft jedem den Tätigkeitsbereich eröffnen, der seine spezifischen Fähigkeiten nachfragt und ihn herausfordert.

Handlungsfeld 6: Freiraum eröffnen

Die Stellenangebote deutscher Tageszeitungen triefen nur so von Selbstverantwortung, Eigeninitiative und Unternehmergeist. Wenn ein Mitarbeiter jedoch tatsächlich Verantwortung übernimmt und dann etwas schief geht, heißt es oft: „Wie konnten Sie sich nur so weit aus dem Fenster lehnen!"

Leistungs- \ Motivation \ Person		Situation
Leistungs-Bereitschaft	Commitment leben 1	Demotivation vermeiden 4
Leistungs-Fähigkeit	Stärken nutzen und lernen 2	Fördernd fordern 5
Leistungs-Möglichkeit	Spielfeld wählen 3	Freiraum eröffnen 6

Gemeint ist also nicht wirklich Selbstverantwortung, sondern lautloses Einpassen in die vom Chef vordefinierte Organisation. Nicht Kreativität, sondern Null-Fehler-Mentalität; nicht Eigeninitiative, sondern Erfüllungsdenken.

Nachahmung statt Individualität?

Darauf läuft es letztlich hinaus – auf den Wunsch: „Handle selbständig und eigenverantwortlich so, wie ich es für richtig halte!" Mithin: „Sei mir ähnlich!" Das ist der Wunsch nach dem geklonten Mitarbeiter, der eben nicht – komplexitätserweiternd – seine Andersartigkeit dem Unternehmen zur Verfügung stellt, der eben nicht sein individuelles Unternehmertum verwirklicht. Sondern die Ähnlichkeitsmaschinerie beliefert – was für die Unternehmen von erheblichem Nachteil ist. Man muss nicht erst das berühmte Milchmädchen bemühen: Je komplexer ein Unternehmen, desto mehr Marktchancen werden wahrgenommen, desto überlebensfähiger das Unternehmen. Je ähnlicher die dort arbeitenden Menschen, desto weniger komplex, desto krisenanfälliger das Unternehmen.

Regeltreue statt Selbstverantwortung?

Selbstverantwortung ist eine Einstellung. Sie ist nicht übertragbar. Man kann nicht zur freiwilligen Selbstverantwortung auffordern. Man kann sie nur strukturell erleichtern, ermöglichen, ermutigen. Wie also steht es mit den Bedingungen der Möglichkeit? Wie steht es mit dem organisatorischen Rahmen? Hier zeigt sich gegenwärtig eine Doppeltendenz: Einerseits wird oft geradezu nötigend zu mehr unternehmerischem Handeln aufgerufen, andererseits das Unternehmen täglich mehr verregelt. Jeder Leser mag selbst abschätzen, wie viel Energie in seinem Unternehmen in Planungsgenauigkeit und Prognosesicherheit fließt. Wie man mit aller Macht versucht, den Zufall, das Spontane zu bannen. Wie die Springfluten des internen Reportings anschwellen. Wie die Tendenz überschießt, jedes Gestaltungsproblem mit einer Richtlinie zu erschlagen.

Je mehr aber ein Unternehmen verregelt wird, desto mehr Handlungsalternativen werden vernichtet, desto größer wird der Anpassungszwang, desto mehr – und das ist besonders wichtig! – wird unternehmerische Selbstverantwortung zur reinen *Sorgfaltspflicht* verengt.

Selbstverantwortliche Mitarbeiter

Selbstverantwortlich und unternehmerisch handelt ein Mitarbeiter, wenn er Aufgaben und Handlungsweisen aus einer breiten Skala nichtstereotyper Möglichkeiten auswählt. Wenn er den Rahmen des Üblichen sprengt. Wenn er Möglichkeitsbewusstsein entwickelt. Wenn er das Vorformulierte, das Genormte, das Regelhafte überschreitet. Das aber erzeugt Unsicherheit, bedeutet Wagnis – eben das, was unternehmerisches Handeln charakterisiert.

Allerorten werden Selbstverantwortung und Ei-geninitiative gefordert, doch die Realität sieht in den meisten Unternehmen anders aus: Unzäh-lige Vorschriften und Richtlinien engen den kre-

ativen Handlungsspielraum des Einzelnen ein, verlangen stattdessen Anpassung an vorgegebene Muster und Standards. Selbstverantwortliches und motiviertes Handeln wird daher oft „organisatorisch" erstickt.

Wenn es Ihnen nicht um Strohfeuer-Motivation, sondern um wirklich dauerhafte Leistungsfreude geht, dann sollten Sie den Blick wenden: weg vom Mitarbeiter – hin zur Organisation. Die zentrale Frage lautet dann: „Zerstört unsere Organisation Motivation?" Die organisatorische Verfasstheit der Unternehmen hinkt der Mentalitäts- und Werteentwicklung der Menschen um mindestens eine Generation hinterher. Mehrere historisch deutlich abgrenzbare Individualisierungswellen und ein im Vergleich zu früher viel besseres Ausbildungsniveau haben die Menschen verändert: Sie sind selbstbewusster, individueller, reflektierter. Viele von ihnen machen keinen grundsätzlichen Unterschied mehr zwischen Arbeitssphäre und den übrigen Lebensbereichen. Angestrebt wird eine neue *Ganzheit,* ein ungeteiltes Leben.

Was Mitarbeiter sich wünschen
Insbesondere sind die Mitarbeiter immer weniger bereit, ihre Einstellungen und Wertorientierungen

morgens beim Pförtner abzugeben. Sie verlangen in zunehmenden Maße, dass sich das Unternehmen auf ihre besonderen Bedürfnisse einstellt. Überschaut man die Forschungen zur Arbeitszufriedenheit, dann wird das „Gefühl, als Individuum vom Unternehmen anerkannt zu werden", von zunehmend mehr Menschen gefordert. Unternehmen, die darauf reagieren, flexibilisieren die Gestaltung der Arbeitsplätze, der Arbeitszeiten, des gesamten organisatorischen Ablaufs. Dann ist die Ausnahme die Regel.

Die meisten Unternehmen sind jedoch häufig noch die letzten feudalistischen Enklaven unserer Gesellschaft. Wenn aber die Motivation des Einzelnen und das System in Widerspruch geraten, siegt im Regelfall das System. Viele Menschen haben deshalb innerlich gekündigt, weil sie sich – aus ihrer Sicht: „sinnvoll" – an beengende Arbeitsverhältnisse angepasst haben. Können Werte wie Individualität in der Arbeitswelt nicht hinreichend gelebt werden, werden sie in die Freizeitsphäre umgelenkt. Es kommt zu einer kompensatorischen Werterfüllung in der Freizeit – wo der Einzelne als *ganze* Person ernst genommen, einbezogen und anerkannt wird. Wo er insbesondere jenen *Freiraum* findet, der sein Persönlichkeitspotenzial nicht auf das eines Erfüllungsgehilfen reduziert. Bewegung braucht Raum.

Den Wünschen Rechnung tragen

Was tun? Den Handlungsspielraum von Mitarbeitern können Sie in dreierlei Hinsicht vergrößern:

1. Indem Sie einem Mitarbeiter zusätzliche Arbeitselemente eines Prozesses übertragen, vergrößern Sie seinen *Tätigkeitsspielraum.* Idealerweise wird von einem Mitarbeiter das gesamte Aufgabenspektrum eines Geschäftsprozesses wahrgenommen. Für die „direkt produktiven" Mitarbeiter umfasst das auch Planungs- und Dispositionsaufgaben. Erweiterung des Tätigkeitsspielraums kann aber auch periodischen Aufgabenwechsel („job rotation") bedeuten: Es wächst so vertieftes Verständnis für vor- und nachgelagerte Aufgaben.

2. Den *Entscheidungs- und Kontrollspielraum* eines Mitarbeiters vergrößern heißt: Das, was der Mitarbeiter entscheiden kann, soll er auch entscheiden. Er sollte auch die Ergebnisse seiner Arbeit selbst kontrollieren (beispielsweise über die Freigabe nach einer Qualitätskontrolle). Die Unterschriftenregelung kann so vereinfacht werden, dass der Mitarbeiter sämtliche Schriftstücke unterzeichnen kann, die im Rahmen seiner Aufgabe anfallen.

3. Die *Selbstbestimmung der zeitlichen und örtlichen Gebundenheit* vergrößern heißt: Ort und Zeit der Arbeit gestaltet der Mitarbeiter weitgehend selbstverantwortlich. Im Rahmen der Unternehmenszie-

le und nach Absprache mit seinen Kollegen sollten die vielfältigen Möglichkeiten von flexiblen Arbeitszeiten und freiem Arbeitsort genutzt werden.

Mitarbeiter wollen von Unternehmen ernst genommen werden. Dazu gehört vor allem, dass sie ihre individuellen Freiräume erhalten und nutzen. Menschen bleiben auf der Bühne, wenn sie sich und etwas einbringen können. Gestalten Sie daher „Jobs für Menschen", statt „Menschen für Jobs" zu suchen.

So fördern Sie Ihre Mitarbeiter

- Vergrößern Sie das Maß an Wahlmöglichkeiten, an Selbststeuerung und an Selbstkontrolle innerhalb des Aufgabenbereichs: hinsichtlich des Verfahrens, der Mittel und der zeitlichen Abfolge von Aufgabenbestandteilen.
- Flexibilisieren Sie die Arbeitszeiten.
- Erschlagen Sie nicht jedes Gestaltungsproblem mit einer Richtlinie.
- Überprüfen Sie einengende Vorschriften und Richtlinien. Kämmen Sie in regelmäßigen Abständen Ihre Regelungsdichte durch. Besser noch: Wenn Sie eine neue Richtlinie erlassen, schaffen Sie gleichzeitig eine alte ab.
- Vereinbaren Sie Ziele dialogisch. Und vorrangig solche Ziele, die Individual- und Organisationsziele gleichermaßen befördern (Gewinner-

- Gewinner-Vereinbarungen). Menschen müssen spüren, dass es auch um sie selbst geht und nicht nur um die Erwartungen anderer. Eigeninitiative geht aus dem Interesse des Einzelnen hervor. Nicht aus Appellen.
- Fordern Sie Selbstverantwortung. Grenzen Sie einen Raum ab, in dem der Mitarbeiter selbst entscheidet, selbst handelt und sich selbst kontrolliert. Bestehen Sie darauf, dass der Freiraum auch genutzt wird.
- Vermeiden Sie die „Chefsache": Nehmen Sie einmal delegierte Aufgaben nicht mehr zurück.
- Vermeiden Sie jeden punktuellen Interventionismus. Häufig werden geeignet erscheinende Instrumente ausgewählt, ohne dass die Nebenwirkungen und Spätfolgen hinreichend bedacht werden. Bedenken Sie bei jeder Entscheidung die Auswirkungen auf die selbst verantworteten Freiräume Ihrer Mitarbeiter.

Jeder arbeitet für sich

Die einzige Organisation, für die wir alle arbeiten, heißt „Ich". Andere, auch das Unternehmen, mögen einen Nutzen von unserer Arbeit haben, aber letztlich liegen Sinn, Ziel und Zweck des Handelns in jedem Einzelnen selbst. Wir arbeiten im Unternehmen, aber nicht für das Unternehmen. Der Philosoph Karl Jaspers hat gesagt: „Der Mensch ist das, was er ist, durch die Sache, die er zu seiner macht." Ich tue also für mich das Beste, wenn ich mein Bestes gebe. Aus dieser Überlegung resultiert die Frage, die Sie jedem Mitarbeiter ernsthaft stellen sollten: „Für wen arbeiten Sie eigentlich?" Wer antwortet: „Für Sie, meinen Chef!" oder „Für das Unternehmen!", wird niemals wirklich jene Selbstverantwortung für sein Tun und Lassen übernehmen, die für eine wirklich dauerhafte Motivation unabdingbar ist. „Du arbeitest für mich, ich denke für dich": Arbeitsscheue Manager und denkfaule Mitarbeiter haben dabei nichts zu verlieren.

Ein Chef, der sich bei seinen Mitarbeitern für „Ihre Leistung!" bedankt, der seinen Mitarbeitern „Darauf können Sie stolz sein!" zuruft, mag etwas aus seiner Sicht Richtiges tun. Er sagt damit jedoch gleichzeitig, dass sie nicht für sich selbst arbeiten, sondern für ihn. Dann muss er als Chef seine Mitarbeiter auch permanent bei Laune halten. Besser erscheint mir, Arbeit so zu gestalten, dass sie in sich selbst belohnend ist, dass sie attraktiv ist, dass sie Spaß macht.

Schlüsselbegriff „Verantwortung"

Der zentrale Begriff dafür ist Verantwortung. Je mehr sich jemand in vollem Umfang für eine Aufgabe verantwortlich fühlt, je mehr jemand spürt, dass sie von ihm abhängt, je mehr er weiß, dass es ohne ihn nicht oder so nicht geht, je mehr jemand spürt, dass sich andere auf ihn verlassen, desto mehr ist er bei der Sache. Viele Unternehmen wollen zum Beispiel die Innovationsbereitschaft ihrer Mitarbeiter heben. Aber nur, wer etwas „für sich" tut, lässt sich von der Erotik des Gegenstandes anstecken. Das ist dann „sein" Projekt, und er wird ein hohes Maß an Selbststeuerung an den Tag legen.

Das Argument „Es kann nicht jeder Vorstand sein" ist billig. Verantwortung ist in jeder Aufgabe gestaltbar, Kooperation bindet auf jeder Hierarchieebene in Verantwortung ein, das Betriebsklima ist an jedem Arbeitsplatz ein Produktivfaktor. In „Verantwortung" steckt „Antwort". Wie soll jemand etwas ver-„antworten", wenn er nicht einmal gefragt wurde?

Wenn Leistungs-Bereitschaft Sache des Einzelnen ist, dann ist ihr Freiraum zu geben Sache der Führung. Zu- und ver-trauen. Lange Leinen lassen. Wer seine Mitarbeiter in ein enges Korsett zwängt und ihnen jeden Handgriff vorschreibt, wird weder zufriedene Mitarbeiter noch zufriedene Kunden haben.

Freiräume zugestehen

Unter motivationalen Aspekten ist es die wichtigste Aufgabe der Führung, bei den Mitarbeitern ein möglichst hohes Maß an Selbststeuerung zu ermöglichen. Das tun nur Führungskräfte, die Führung nicht als

Ego-Prothese missbrauchen. Die nicht überall der Beste und der Größte sein wollen. Die – wage ich es – von Liebe gesättigt sind. Solche Führungskräfte bewachen nicht hochneurotisch ihre Positionsautorität. Stattdessen ziehen sie sich angemessen und überlegt aus der Überzuständigkeit zurück.

Vertrauen haben

Freiräume eröffnet nur, wer vertrauensbereit ist. Vertrauen ist dabei immer Vorleistung des Stärkeren. Wenn Sie also mit jemandem zusammenarbeiten, dann vertrauen Sie ihm. Wenn Sie ihm aber nicht vertrauen wollen, dann arbeiten Sie besser nicht mit ihm zusammen.

Schaffen Sie als Führungskraft Rahmenbedingungen, die Motivation erhalten:

- *Vermeiden Sie Demotivation. Überprüfen Sie Ihr eigenes Verhalten. Und schaffen Sie Belohnungssysteme ab.*
- *Gestalten Sie die Aufgabenbereiche Ihrer Mitarbeiter so, dass sie ihre Arbeit als Herausforderung erleben.*
- *Eröffnen Sie Freiräume im Unternehmen, die selbstverantwortliches Handeln und Eigeninitiative möglich machen.*

Fast Reader

1. Was ist Motivation?

Unter allgemeiner Motivation versteht man den Wunsch eines jeden Menschen, etwas zu gestalten, auszuprobieren, zu bewirken. Jeder Mensch ist also grundsätzlich motiviert, wenn auch in unterschiedlichem Maß. Die Beweggründe – warum tut man etwas? – sind so vielfältig wie die Menschen selbst. Die spezifische Motivation bewirkt, dass eine Person in einer bestimmten Situation auf eine bestimmte Weise handelt – mit individuellem Einsatz und nach persönlichen Zielen.

Motivation wird durch zwei Faktoren beeinflusst: zum einen durch die Einstellung der Person selbst – durch ihre Wünsche, Bedürfnisse und Einstellungen –, zum anderen durch die Situation, die Rahmenbedingungen, denen sich der Einzelne gegenübersieht.

Der Versuch, andere Menschen zu motivieren –

sie durch bestimmte Anreize zum gewünschten Verhalten zu bringen – erweist sich als Trugschluss. Man kann andere, z.B. Mitarbeiter, zwar beeinflussen, nicht aber dauerhaft steuern. Motiviert ist man meist dann, wenn das, was man tut, das eigene Selbstkonzept stärkt.

Motivation heißt: „Ich will!"
- **Die Frage nach dem Was und Warum führt zur spezifischen Motivation, die bei jedem Menschen individuell ausgeprägt ist.**
- **Motivation wird immer beeinflusst durch die Person und ihr Selbstkonzept sowie durch die Situation, die Rahmenbedingungen.**
- **Fremdsteuerung – das so genannte „Motivieren" – ist auf Dauer nicht möglich.**

2. Was ist Leistung?

Leistung entsteht aus dem Zusammenspiel von Leistungs-Bereitschaft (Wollen), Leistungs-Fähigkeit (Können) und Leistungs-Möglichkeit (Dürfen). Ist eine dieser Komponenten zu schwach ausgeprägt oder kann sie sich nicht optimal entfalten, kann demzufolge nicht die bestmögliche Leistung erbracht werden.
Wenn ein Mitarbeiter versagt, kann er dafür

meist nicht allein verantwortlich gemacht werden. Nur die Leistungs-Bereitschaft, das Wollen, ist weitgehend von ihm allein zu verantworten. Leistungs-Fähigkeit und Leistungs-Möglichkeit dagegen werden zu wesentlichen Anteilen von der Führungskraft beeinflusst.

Leistung lässt sich beschreiben als Beziehungsgeflecht von Leistungs-Bereitschaft, Leistungs-Fähigkeit sowie Leistungs-Möglichkeit.

- **Wer leistungsbereit ist, will etwas tun. Er ist motiviert.**
- **Ob er eine Leistung auch erbringen kann, wird von seiner Leistungs-Fähigkeit bestimmt.**
- **Die Leistungs-Möglichkeit beschreibt das Dürfen: Sind die Bedingungen so, dass er sein Potenzial entfalten kann?**

3. Persönliche Einstellung – Erfolgsfaktor für Motivation

Egal, wie zufrieden oder unzufrieden Sie mit Ihrer gegenwärtigen Situation sind – machen Sie sich bewusst, dass sie ein Resultat Ihrer Handlungen und Entscheidungen ist. Sie sind kein Opfer, sind nicht fremdbestimmt! Sie können Ihre Situation verändern. Sie können sie auch verlassen, sich ein anderes Betätigungsfeld suchen. Oder Sie können die Situation mit ganzem Herzen annehmen, sie jeden Tag aufs Neue wählen. Dann macht Arbeit Spaß.

Commitment sagt: „Ich tue es!", obwohl einige Wünsche unerfüllt blieben. Commitment schaut nicht auf das, was fehlt, sondern auf das, was möglich ist. Commitment kartet nicht nach, sondern steht zu seinem Wort. Ohne das Bewusstsein der Wahlfreiheit, ohne Commitment gibt es keine dauerhafte Motivation.

Um Motivation entwickeln zu können, ist es nicht nur wichtig, an seine Aufgaben mit Commitment heranzugehen, sondern auch, die richtigen Aufgaben zu wählen. Versuchen Sie Ihre Stärken herauszufinden: Was können Sie besonders gut? Ihre Tätigkeiten sollten Ihren Fähigkeiten entsprechen. Dann sind Sie nicht nur motiviert, sondern auch erfolgreich.

Sehen Sie Aufgaben und Situationen, die noch nicht Ihren Fähigkeiten entsprechen, als Herausforderung an. Können Sie dadurch neue Talente in sich entdecken, sich selbst weiterentwickeln? Betrachten Sie Schwierigkeiten als Lernchance, statt sich von diesen demotivieren zu lassen.

Hohe Motivation und gute Leistung sind nicht nur eine Frage des Wollens und Könnens. Es ge-

*hört auch dazu, sich ein Betätigungsfeld zu wäh-
len, auf dem man seine Fähigkeiten entfalten
darf. Bietet Ihnen Ihr Arbeitsplatz die Möglichkeiten, die Sie suchen? Sind Ihre Talente gefragt,
wird ihnen Wertschätzung entgegengebracht?
Damit man motiviert an seine Arbeit herangeht,
muss diese als sinnvoll erlebt werden. Wer stolz
ist auf seine Tätigkeit und die Ergebnisse seines
Tuns, arbeitet gern.*

**Mehr Motivation! – Die Verwirklichung dieses
Anspruchs hängt vor allem vom Einzelnen ab.**
- **Commitment heißt: sich jeden Tag aufs Neue
  für das Leben, das man lebt, entscheiden;
  sich bewusst machen, dass man Wahlfreiheit
  hat, täglich neu entscheiden kann.**
- **Für motiviertes Handeln ist außerdem wichtig, seine Aufgabe soweit wie möglich mit
  seinen Neigungen in Einklang zu bringen.**
- **Auf dem „richtigen" Tätigkeitsfeld sind genau die Fähigkeiten gefragt, die man hat.
  Arbeit wird dann als sinnvoll empfunden.**

4. Rahmenbedingungen – Erfolgsfaktor für Motivation

Jeder Versuch der Motivierung geht davon aus,

dass man bei jemandem eine bestimmte Handlung hervorrufen kann, indem man eine Belohnung in Aussicht stellt. Dies funktioniert – vielleicht, und immer nur für eine begrenzte Zeit.

Gute Führungskräfte versuchen nicht, ihre Mitarbeiter zu motivieren. Sie vereinbaren klare Ziele und sorgen dafür, dass sie erreicht werden. Sie überprüfen auch sich selbst auf demotivierende Verhaltensweisen.

Berücksichtigen Sie als Führungskraft die Bedeutung der persönlichen Beziehung. Sehen Sie Ihre Mitarbeiter nicht nur als Leistungslieferanten, sondern schaffen Sie ein warmes sozial-emotionales Umfeld.

Wer seine Talente einbringen und damit etwas bewirken kann, hat Erfolgserlebnisse – und diese motivieren. Aufgabe der Führungskraft ist es, die Tätigkeitsbereiche so zu gestalten, dass Mitarbeiter nicht über- oder unterfordert sind, sondern ihre Arbeit als Herausforderung erleben.

Um Mitarbeitern die Eigenmotivation zu erleichtern, sollte die Führungskraft jedem den Tätigkeitsbereich eröffnen, der seine spezifischen Fähigkeiten nachfragt und ihn herausfordert.

Allerorten werden Selbstverantwortung und Eigeninitiative gefordert, doch die Realität sieht in den meisten Unternehmen anders aus: Unzählige Vorschriften und Richtlinien engen den kreativen Handlungsspielraum des Einzelnen ein, verlangen stattdessen Anpassung an vorgegebene Muster und Standards. Selbstverantwortliches und motiviertes Handeln wird daher oft „organisatorisch" erstickt.

Mitarbeiter wollen von Unternehmen ernst genommen werden. Dazu gehört vor allem, dass sie ihre individuellen Freiräume erhalten und nutzen. Menschen bleiben auf der Bühne, wenn sie sich und etwas einbringen können. Gestalten Sie daher „Jobs für Menschen", statt „Menschen für Jobs" zu suchen.

Schaffen Sie als Führungskraft Rahmenbedingungen, die Motivation erhalten:

- **Vermeiden Sie Demotivation. Überprüfen Sie Ihr eigenes Verhalten. Und schaffen Sie Belohnungssysteme ab.**
- **Gestalten Sie die Aufgabenbereiche Ihrer Mitarbeiter so, dass sie ihre Arbeit als Herausforderung erleben.**
- **Eröffnen Sie Freiräume im Unternehmen, die selbstverantwortliches Handeln und Eigeninitiative möglich machen.**

Literaturauswahl

- Argyris, Ch.: Action Science and Intervention, in: Journal of Applied Behavioral Science, 19/1983, S. 115-140
- Block, P.: Entfesselte Mitarbeiter, Stuttgart 1997
- Deci, E. L. et al.: Self-Determination in a Work Organization, in: Journal of Applied Psychology, 74/1989, S. 580-590
- Eberspächer, H.: Ressource „Ich", Freiburg 1999
- Kennedy, G.: Everything is Negotiable, London 1989
- Kinlaw, D. C.: Coaching for Commitment, San Diego 1993
- Kohn, A.: Punished by Rewards, Boston 1993
- Rosenstiel, L.v.: Führung durch Motivation in Zeiten sich wandelnder Wertorientierung, in: Kasper, H.: Post-Graduate-Management-Wissen, Wien 1995, S. 75-146
- Sprenger, R. K.: Mythos Motivation, Frankfurt 1991
- Sprenger, R. K.: Das Prinzip Selbstverantwortung, Frankfurt 1995
- Sprenger, R. K.: Die Entscheidung liegt bei Dir!, Frankfurt 1997
- Vroom, V. H./ Jago, A. G.: Managing participation: A critical dimension of leadership, in: Journal of Management Development, 5/1988, S. 32-42

Register